ここが知りたかった！

FSSC22000・HACCP 対応工場

改修・新設ガイドブック

―事例付き―

食品安全ネットワーク　角野久史・米虫節夫　編著

日本規格協会

編集・執筆者名簿

編 著	角野　久史	株式会社　角野品質管理研究所　代表取締役
		食品安全ネットワーク　会長
	米虫　節夫	大阪市立大学大学院工学研究科　客員教授
		食品安全ネットワーク　最高顧問（前会長）

執　筆
第1章
1.1～1.3	安藤鐘一郎	国際衛生株式会社　サニタリー営業部　アドバイザー
1.4	鈴木厳一郎	フードクリエイトスズキ有限会社
第2章・第3章	森本　尚孝	三和建設株式会社　代表取締役社長

第4章
4.1, 4.6	海老沢政之	NPO法人　近畿HACCP実践研究会　理事・事務局長
4.2～4.3, 4.5	海原　俊哉	アルテ設計事務所　代表
	中山　茂	アルテ設計事務所　フーズデザイン研究室　技術顧問
	和田　寛之	アルテ設計事務所　フーズデザイン研究室　技術顧問
4.4	佐藤　徳重	フードテクノエンジニアリング株式会社　品質保証部次長
	涌田　恭兵	フードテクノエンジニアリング株式会社　品質保証部

| 第5章 | 井上　哲志 | 食品分野コンサルタント |
| 特別寄稿 | 湯川剛一郎 | 東京海洋大学先端科学技術研究センター　教授 |

第6章
事例A	柳沢　義彰	元 株式会社川喜　取締役総括部長／現 食品安全ネットワーク　顧問
事例B	佐藤豊太郎	薩摩川内うなぎ株式会社　代表取締役社長／備後漬物有限会社　副社長
	一丁田哲久	薩摩川内うなぎ株式会社　品質管理課長
事例C	黒田　久一	FRUXグループ　代表／株式会社三晃　代表取締役
	宇惠　善和	株式会社三晃　取締役生産本部長
事例D	新原　浩之	備後漬物有限会社　品質管理部部長
事例E	鎌谷　一也	鳥取県畜産農業協同組合　代表理事組合長
事例F	名畑　和永	明宝特産物加工株式会社　専務取締役

（敬称略，執筆時現在）

まえがき

"HACCP 対応工場"という語をよく聞く．HACCP 支援法に基づく新工場の建設や改修時に，新しい食品安全を担保する方法論である HACCP の考えを取り入れた工場にしたことを表現する言葉である．最近は，"ISO 22000 対応工場"や，"FSSC 22000 対応工場"という言葉も聞くようになってきた．しかし，そのような工場を見学したとき，いつも聞くのは，いざ稼働させてみるといろいろと問題点が噴出し，その対応に追われており，次の新築や次回の改修時にはもっといろいろ考えて対応したいとの反省である．さらに，その反省の中には工場建設を担当した工務店の選び方を誤ったというものもある．その原因は，幾つか考えられる．

日本版 HACCP である総合衛生管理製造過程の解説書
 ① 厚生省生活衛生局乳肉衛生課監修，動物性食品の HACCP 研究班編集（1997）：
  HACCP 衛生管理計画の作成と実践，総論編，中央法規出版

には，HACCP 構築のソフト的な面が詳細に解説されているが，ハード的な解説はほとんどない．また，日本の食品衛生の基本となる食品衛生法第 50 条第 2 項：施設基準や管理運営基準にも，一般的な要求事項は記載されているが，具体的な記述はない．さらに，HACCP に関する解説書は多く出版されているが，その多くは"HACCP システム"や"HACCP 計画"構築に関する解説書である．ハードについて具体的に説明した書籍は，次の 2 冊以外には，ほとんど知らない．

1 冊目は，筆者らが組織する食品安全ネットワークの会員が中心となり出版した，
 ② 細谷克也監修，米虫節夫，角野久史，冨島邦雄編著（2000）：HACCP 実践講座第 3
  巻，こうすれば HACCP システムが実践できる，日科技連出版社

である．第 3 章"一般的衛生管理プログラムと SSOP"（135 ページ），第 4 章"HACCP システムの設備面の対策"（90 ページ）において，ハード的側面をかなり具体的に解説している．

2 冊目は，NPO 法人・HACCP 実践研究会による，
 ③ 金澤俊行，栗田守敏編著（2007）：初めての HACCP 工場―建設の考え方・進め方，
  幸書房

である．この本は，HACCP 対応工場をつくるためのハード的な知識を中心によくまとめられている．さらに，設計事務所，施工会社などの選定に対する注意点まで言及しており，HACCP 分野において注目すべき書籍である．

2014 年 2 月，三重県で行われた ISO-HACCP 講習会のとき，"HACCP 対応工場を建設するときに，失敗しない方法"についての書籍が欲しいという話が出た．食品安全ネットワークでは，以前からこの話はペンディングになっていたので，この際真面目に考えてみようということになり，出版計画を立て，執筆者の人選などを考えているとき，本書第 2，3 章の執筆者である森本尚孝氏の本が出版された．

 ④ 森本尚孝著（2014）：「使える建物」を立てるための 3 つの秘訣―価値ある工場・倉

庫・住宅を建てるためのパートナー選び――，カナリア書房
である．この本の"はじめに"に，工場などの建設において最も大事なこととして，次のように書かれている．

> 『建設において最も重要な部分は初動段階です．最初に相談する相手を間違えると，後でどう手を打っても価格以上に価値がある建物など建てられません．それにもかかわらず，工場やビルを建てようとする多くの事業者は，最初に相談する相手を選ぶ方法があいまいであり，確立できていないのです．
> 　実は，建設において最も重要な立場にある人は施主です．その次に設計者，最後に施工者という順番になります．完成された設計図を前提にして，施工者たるゼネコンができることは限られているのです．』

この文章をはじめ本文を読み，本書の計画でもやもやしていた部分が吹っ切れた．FSSC 22000 対応工場を建設しようとするとき，最も大事なことは施主がその目的を的確に把握して，設計者や施工者（森本氏は，彼らを"パートナー"という）と対応することである．

早速，森本氏と会い，本書の構想を話して協力を仰ぎ，食品安全ネットワーク主催第69回食の安全安心講座（米虫塾）（2014年7月12日）で，④の内容を講義していただくことにした．当日は，30人近い会員が集まり，森本氏の講義を聴くとともに，質疑応答が長く続いた．この日，この分野の重要性を再確認した．

本書は，3部からなっている．解説編（第1～5章），特別寄稿，事例研究（第6章）である．"FSSC 22000 対応工場"（もちろん，HACCP 対応工場の要件は満たされる．）がなぜ必要かについては，第1章及び特別寄稿を読んでいただければわかるであろう．世界は，HACCP から，GFSI が認証した FSSC 22000 へと動いている．

FSSC 22000 対応工場の建設を考えている人は，まず第2，3章を読んでいただきたい．その上で，自社の現状をよく整理し，新工場や改修工事に最適なパートナーを探して欲しい．これこそ本書の最重要部分である．よいパートナーが選べれば新しい工事計画はほぼできたと判断してもよい．この段階で，金銭的な問題が生じたときは，第5章を見ていただきたい．HACCP 支援法以外にも，案外低金利の公的資金の出所は多い．うまい資金調達も能力の一つである．

基本設計ができあがり，詳細な実施設計，施工図などの作成時に，パートナーとの意思疎通を図るためには第4章の内容が役に立つ．また，事例研究（第6章）を見るのもよいだろう．"各社の失敗事例を多く書いて欲しい"と依頼したが，"ここは失敗だった"との明記はほとんどない．しかし，実際に工場建設を行い，稼働させた時点でわかった問題点を各社ともに改善活動で克服しており，これから建設を考える者にとって得られる情報は多い．

特別寄稿は，農林水産省などが主導して国際的に通用する日本版の食品安全規格を検討している委員会の責任者・東京海洋大学の湯川剛一郎教授にお願いして最新の情報を書いていただいた．国際的な食の安全・安心の考え方と今後の方向性が明白に記述されており，この分野で仕事をする者にとっては知っておかなければならない情報であろう．

本書は，次のような食の安全・安心に関係する企業の企画部門，品質保証部門，品質管理部門などの人を読者対象としている．
1. FSSC 22000 対応工場，HACCP 対応工場の新設や改修・改築を考えている人，企業の担当者など
2. 今後，FSSC 22000 の認証を得ようと考えている企業の担当者など
3. FSSC 22000，ISO 22000，HACCP のコンサルタントなど
4. 食の安全・安心に関係するスーパー，コンビニ，百貨店，生活協同組合など流通関係の担当者など
5. 食の安全・安心に関係する行政関係者，研究・教育関係者など
6. 食品工場の新築や改修を手がける設計士，工務店や建設関係者など

　本書は食品安全ネットワークの角野と米虫が中心となって編集したが，食品安全ネットワークの 18 年にわたる活動がなければ生まれることはなかったであろう．その意味で，いつもお世話になっている食品安全ネットワークの会員諸氏並びに幹事・事務局など役員諸氏にお礼申し上げたい．また，本書の刊行は，（一財）日本規格協会若井博雄，室谷誠氏らの献身的な協力なしには誕生しなかったでしょう．ここに改めてお礼申し上げます．ありがとうございました．
　本書が，皆様にとって大いに役立つ書籍になることを祈念いたします．
　2015 年 1 月

食品安全ネットワーク
会　　長　角野　久史
最高顧問　米虫　節夫

目　　次

まえがき

1. 食品衛生7Sを基礎にFSSC 22000の構築

1.1 PRPと食品衛生7S ……………………………………………………………… 15
1.1.1 HACCPと食品安全管理プログラムについて ……………………………… 15
1.1.2 5Sと食品衛生7Sとの違い ………………………………………………… 17
1.1.3 ISO/TS 22002-1のPRPと食品衛生7Sの関係 ……………………………… 18

1.2 ドライ化の重要性 ……………………………………………………………… 19
1.2.1 ドライ化の目的と必要性 ……………………………………………………… 19
1.2.2 ドライ化は職場全員の創意で実現 …………………………………………… 20
1.2.3 ドライ化の効果 ………………………………………………………………… 20

1.3 食品衛生7Sを基礎にHACCP・ISO 22000からFSSC 22000へ ……… 21
1.3.1 食の安全とHACCPシステム ………………………………………………… 21
1.3.2 HACCP運用に必要な前提条件プログラム（PRP） ……………………… 22
1.3.3 一般的衛生管理プログラムを食品衛生7Sで支える体制づくり ………… 22
1.3.4 食品衛生7Sを土台にFSSC 22000構築と運用へ ………………………… 23
1.3.5 ソフト的対応とハード的対応 ………………………………………………… 24

1.4 ISO/TS 22002-1のハード要求事項 ………………………………………… 25

2. 食品工場建設・改修時においてはじめに考慮すべき事項

2.1 食品工場の建設において，どのような失敗が起こりうるのか ………… 37

2.2 建築に関わる基礎知識 ………………………………………………………… 40
2.2.1 一般的な建築の流れ …………………………………………………………… 40
2.2.2 建築に関わる登場人物──施主・設計者・施工者の関係 ………………… 42
2.2.3 建築の設計・施工には"分離方式"と"一貫方式"がある ……………… 45
2.2.4 建築に関する契約 ……………………………………………………………… 45
2.2.5 設計契約は請負なのか準委任なのか ………………………………………… 46

2.3 食品工場の建設・改修におけるパートナー選びについて ……………… 47
2.3.1 食品工場の設計や施工を担う者は"戦略パートナー" …………………… 47
2.3.2 "建物を建てる"＝お金と価値との交換 …………………………………… 48

2.3.3	目的－設計－施工の一貫性を通す	49
2.3.4	食品工場にこそ求められるジャストスペックの考え方	49

3. 設計・施工業者（パートナー）の選定

3.1 設計施工分離方式か，一貫方式か … 51
3.1.1 一貫方式のメリット，分離方式のデメリット … 51
3.1.2 フルターンキーから CM まで … 55
3.1.3 日本の文化に馴染むのは"設計施工一貫方式" … 56
3.1.4 オーダーメイドか規格品か … 57

3.2 使える食品工場を建てるための戦略パートナー選び … 57
3.2.1 複数候補から選定する"プロポーザルコンペ" … 57
3.2.2 パートナー選びの具体的手順 … 58
3.2.3 "設計施工プロポーザルの実施要領"の利用例 … 62

4. パートナーとともに計画する工場

4.1 施設・建物の基本計画 … 71
4.1.1 施主がしなければならないこと … 72
4.1.2 トータルコストを考える … 74
4.1.3 省エネルギー … 76
4.1.4 ハード対策とソフト対策のバランス … 77
4.1.5 パートナーを選ぶ … 78

4.2 施設内装仕様・建築設備計画 … 79
4.2.1 ゾーニング（作業区域）計画の基本的な考え方 … 79
4.2.2 ゾーニング（作業区域）平面計画の進め方 … 80
4.2.3 動線管理の基本的な考え方 … 84
4.2.4 清浄空間の基本的な考え方 … 85
4.2.5 室内温度管理の基本的な考え方 … 85
4.2.6 メンテナンス計画の基本的な考え方 … 86

4.3 床面仕様・壁面仕様・天井面仕様とドライ化対策 … 87
4.3.1 床面仕様の設定 … 88
4.3.2 壁面仕様の設定 … 89
4.3.3 天井面仕様の設定 … 90
4.3.4 清掃計画 … 91
4.3.5 洗浄・排水計画 … 92

4.4 作業区域の温度管理（低温仕様作業室）の検討 … 92

4.4.1	温度管理がなぜ必要？　低温化がいいのか？	94
4.4.2	低温管理を必要とする各々の温度域での注意事項	96
4.4.3	低温化を実現するハード	99

4.5　製造機械・器具の計画 …………………………………… 102

4.5.1	食品製造機器の配置	102
4.5.2	輸送機器・搬送機器	104
4.5.3	食品に直接接触する面管理	104

4.6　従業員関連施設の計画 …………………………………… 105

4.6.1	これまでの食品工場建設における従業員関連施設計画	105
4.6.2	食品工場の新たな課題――フードディフェンスへの対応	106
4.6.3	食品工場のゾーニング	108
4.6.4	衛生管理と安全管理の面から考えられる各部位の計画	111
4.6.5	作業者の衛生管理を考えて施設計画を実施する	116

5. FSSC 22000 対応工場建設の公的支援制度

5.1　はじめに …………………………………………………… 119

5.1.1	HACCP 対応工場の取組み支援	119
5.1.2	HACCP 対応の公的支援制度の確認	119

5.2　公的支援制度について …………………………………… 120

5.2.1	公的支援事業の種類	120
5.2.2	HACCP へのソフト支援事業	120
5.2.3	HACCP へのハード支援事業	123

5.3　公的支援事業を活用するに当たって …………………… 130

5.3.1	公的支援事業活用の留意点	130

――特別寄稿――

FSSC 22000 と行政の対応

1.　GFSI と国際認証スキーム ………………………………… 133

1.1	GFSI の活動	133
1.2	GFSI によるスキーム認証	135

2.　FSSC 22000 と ISO 22000 …………………………………… 136

2.1	GFSI の ISO 22000 に対する評価	136
2.2	ISO 22000 を含むスキーム作成と GFSI 承認	136
2.3	FSSC 22000	136

3.　我が国における国際認証スキームの検討 ………………… 137

3.1	ISO/TC 34 への我が国の参加メンバー登録	137

3.2	フード・コミュニケーション・プロジェクト	138
3.3	食料産業における国際標準戦略検討会	139
3.3.1	検討会の開催	139
3.3.2	検討会の報告書	139
3.4	海外のスキーム運営への参画	142
3.5	食品偽装	142
3.6	新たなスキームの構築に向けて	142

6. 事 例 研 究

事例A　水産工場：(株)川喜

1. 水産工場の現状と企業紹介 ……………………………………………… 145
1.1　(株)川喜の沿革 ………………………………………………………… 145
1.2　(株)川喜の基本方針と品質方針 ……………………………………… 146
2. 水産加工工場の建設の際留意すべきポイント ………………………… 146
　　改善ポイント1　加工室全体を冷蔵庫化をすること ………………… 146
　　改善ポイント2　天井窓や側面窓をなくした無窓構造の導入 ……… 147
　　改善ポイント3　工場壁面のパネル化粧板化 ………………………… 147
　　改善ポイント4　浅広式排水溝の採用 ………………………………… 148
　　改善ポイント5　加工残渣専用冷蔵庫の設置 ………………………… 149
　　改善ポイント6　加工室全体のドライ化対策 ………………………… 150
　　改善ポイント7　床・機械類の下，配管類の下など効果的に洗浄する
　　　　　　　　　　ための対策として床下を拡げて機器類を設置 …… 151
　　改善ポイント8　床塗装をカラー樹脂塗装から練り込みカラー塗装に … 152
　　改善ポイント9　次亜塩素酸ナトリウムによる防錆対策 …………… 152
　　改善ポイント10　廃棄物置き場の設置 ………………………………… 153
3. 終わりに"食品会社・水産会社の担当者，中小建設会社，工務店の皆様へ" …… 153

事例B　蒲焼き工場：薩摩川内うなぎ(株)

1. 企業紹介 ……………………………………………………………………… 155
1.1　会社概要 ………………………………………………………………… 155
1.2　日本惣菜協会認定jmHACCPの取得 ………………………………… 156
2. 工場新設，改修の履歴 …………………………………………………… 156
3. 現工場の新設・改修時に特に考慮したポイント ……………………… 157
3.1　工場新設時に考慮したポイントとその後の変更 …………………… 157
3.2　ドライ化改善事例 ……………………………………………………… 157
3.2.1　器材洗浄場所の設置 ………………………………………………… 157
3.2.2　受け皿からのあふれ防止 …………………………………………… 158
3.2.3　トレーからの水あふれ防止 ………………………………………… 159

3.2.4 蒸気水滴落下防止	159
3.2.5 結露水の床面への水垂れ防止	160
3.2.6 床面へのタレ落下防止	161
4. 今後の新設・改修時には，対応したいと考えるポイント	162
5. その他の特記事項	162

事例C　惣菜工場：フルックスグループ（株）三晃

1. 企業紹介と業界の特徴，公的規格などの認証	163
1.1 企業紹介	163
1.2 業界の特徴	164
1.3 公的規格	164
2. 工場新設，改修の履歴	164
3. 現工場の新設・改修時に特に考慮したポイントと問題点・反省点	165
3.1 現工場の施設	165
3.1.1 環境（パネル施工）	165
3.1.2 中温エアコンの選択	165
3.1.3 空調機の配管	165
3.2 ドライ化	166
3.3 給排気	168
3.4 工場施設の管理	169
3.5 蛍光灯	170
3.6 窓	170
3.7 トイレ	171
3.8 休憩室	171
3.9 手洗い	171
4. 改修時に考慮したポイント	171
4.1 自動扉の設置	171
5. 今後の新設・改修時には，対応したいと考えるポイント	172
6. その他の特記事項	173

事例D　漬物工場：備後漬物(有)

1. 会社紹介と漬物の消費の動向	175
1.1 会社概要	175
1.2 漬物の消費の動向	176
2. 食品衛生7S活動導入	176
2.1 新工場に移転して	176
2.2 食品衛生7Sの導入の契機	176
2.3 食品衛生7S活動の取組み開始	176
2.4 食品衛生7S活動の効果と課題	177

3. FSSC 22000 導入の経緯 ……………………………………………………… 178
3.1 食品衛生7S活動を土台に更なるステップアップ ……………………… 178
4. 認証取得への苦労 …………………………………………………………… 178
4.1 FSSC 22000 の認証取得に向けて ………………………………………… 178
4.2 マニュアルの文章化 ……………………………………………………… 178
4.3 規格要求事項と現状の設備ギャップについて ………………………… 178
　　事例1：床面の水溜り対策 …………………………………………… 178
　　事例2：コンプレッサーオイル ……………………………………… 180
　　事例3：壁面と床の接合部のR ……………………………………… 180
4.4 FSSC 22000 認証取得 ……………………………………………………… 181
5. 今後の課題 …………………………………………………………………… 181
5.1 マニュアルの定着 ………………………………………………………… 181
5.2 食品関連のセミナー等で広く意見，考え方の情報を収集し自社の見解を構築 ……… 182

事例E　食肉工場：鳥取県畜産農業協同組合

1. はじめに ……………………………………………………………………… 183
2. 1998年新工場建設の経過 …………………………………………………… 184
2.1 農協の設立と食肉事業の特徴 …………………………………………… 184
2.1.1 生協との産直事業の中で生まれ育った農協組織 ………………… 184
2.1.2 食肉事業の展開 ……………………………………………………… 185
2.1.3 工場新設以降の当農協の取組みと事業展開 ……………………… 185
2.2 新工場設置の意義 ………………………………………………………… 186
3. 新工場を設置するまでのHACCPへの取組み ……………………………… 187
4. 新工場の内容 ………………………………………………………………… 188
4.1 牛肉のフードシステムの基礎条件 ……………………………………… 188
4.2 温度設定と温度管理システム …………………………………………… 188
4.2.1 温度管理と施設の問題点 …………………………………………… 188
4.3 微生物の汚染防止及び滅菌対策 ………………………………………… 189
4.3.1 搬入原材料の微生物コントロール ………………………………… 189
4.3.2 施設のゾーニングと機能 …………………………………………… 190
5. 施設の改修経過と今後の課題 ……………………………………………… 194
5.1 改修修繕した事項 ………………………………………………………… 194
5.2 今後の施設整備する上での課題 ………………………………………… 195
5.2.1 将来の事業展開を見通し対応できる人材育成 …………………… 195
5.2.2 多様なニーズに対応できる施設機能 ……………………………… 195
6. 食肉業界の今後の役割 ……………………………………………………… 196

事例F　食肉加工工場：明宝特産物加工(株)

1. ソフト対策を中心にした衛生管理システムの構築 ……………………… 197
2. 企業紹介と基幹産業としての役割 ………………………………………… 197

2.1 ハムづくりを地域産業に	197
2.2 明方（みょうがた）から明宝（めいほう）に改称	198
3. 衛生管理の取組み	**199**
3.1 衛生管理の取組みのきっかけ	199
3.2 食品衛生7SからHACCP，ISO 22000へ	200
4. 設備改修時に考慮したポイント	**202**
5. 工場の新設に向けて	**208**
参 考 文 献	210
編集・執筆者略歴	211
索　　引	219

1. 食品衛生7Sを基礎にFSSC 22000の構築

1.1 PRPと食品衛生7S

1.1.1 HACCPと食品安全管理プログラムについて

　安全で安心な食品を提供することは，食品企業の最大の使命である．その使命を実現する手段として，今，世界各国で積極的に導入されているのが，HACCP（Hazard Analysis and Critical Control Point）である．HACCPにおける衛生管理の土台PRP（Prerequisite Program）は，前提条件プログラムと訳され，食品の世界的衛生管理基準として運用されている．食品安全マネジメントシステム（ISO 22000やFSSC 22000など）の構築及び認証取得に際して，食の安全・安心確保の前提となるのが，このPRP（前提条件プログラム）である．

　PRPは，衛生管理の基本中の基本と言われ，一般的衛生管理プログラムでは，食品取扱い加工現場でのモノづくりに携わる実務担当者一人ひとりが，これを理解し，実行・継続することが求められている．

　食品安全マネジメントシステム（ISO 22000）には，HACCPが規格要求事項の一部分として組み込まれ，あらゆるフードチェーンに適用される食の安全・安心システムとして，2005

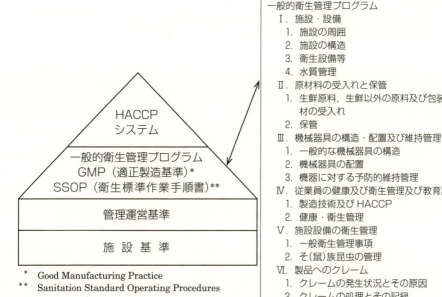

図1.1 HACCPシステムと一般的衛生管理プログラム

年から世界各国の食品取扱い事業所における食の安全の世界標準規格と位置付けられている．しかし近年では，食品小売業界が中心となり2005年に設立された非営利団体の国際食品安全イニシアチブGFSI（Global Food Safety Initiative）が，新しい食品安全の認証規格FSSC 22000を認証した．

GFSIは，ISO 22000の前提条件プログラム（PRP）が項目のみで示されており，具体的な記載がなくわかりにくいとして，承認規格から外した．一方，FSSC 22000は，一般衛生管理項目を具体的に詳しく規定した英国規格協会（BSI）発行のPAS 220 : 2008 "食品製造における食品安全のための前提条件プログラム"（ほぼ同じ内容が，ISO/TS 22002-1となっている．）を採用している．FSSC 22000（ISO 22000＋ISO/TS 22002-1）は，ISO 22000がGFSIからの認証不備と判定された理由であるPRPを補うため，PAS 220 : 2008を基にPRPをより強化して2009年に発行され，GFSIの認証も得て新しい食品安全の国際規格として運用されている．

表1.1　一般衛生管理要件一覧

ISO 22000：2005　7.2.3項		FSSC 22000（PAS 220＝ISO/TS 22002-1）	
a)	建物及び関連設備の構造並びに配置	4	建物の構造と配置
b)	作業空間及び従業員施設を含む構内の配置	5	施設及び作業区域の配置
c)	空気，水，エネルギー及びその他のユーティリティの供給源	6	ユーティリティ―空気，水，エネルギー
d)	廃棄物及び排水処理を含めた支援業務	7	廃棄物処理
e)	装置の適切性，並びに清掃・洗浄，保守及び予防保全のしやすさ	8	装置の適切性，清掃・洗浄及び保守
f)	購入した資材（例えば，原料，材料，化学薬品，包装材），供給品（例えば，水，空気，蒸気，氷），廃棄（例えば，廃棄物，排水）及び製品の取扱い（例えば，保管，輸送）の管理	9	購入材料の管理（マネジメント）
g)	交差汚染の予防手段	10	交差汚染の予防手段
h)	清掃・洗浄及び殺菌・消毒	11	清掃・洗浄及び殺菌・消毒
i)	有害生物［そ(鼠)族，昆虫等］の防除	12	有害生物［そ(鼠)族，昆虫等］の防除
j)	要員の衛生	13	要員の衛生及び従業員のための施設
k)	適宜，その他の側面	14	手直し
		15	製品リコール手順
		16	倉庫保管
		17	製品情報及消費者の認識
		18	食品防御，バイオビジランス及びバイオテロリズム
		FSSC 22000 追加要求事項	
		1	サービスに関する規定
		2	食品安全原則の適用について要員の管理
		3	法規制要求事項の特定
		4	製品安全の確認に不可欠なインプット（投入物）の管理

我が国における過去の食品に関わる事件・事故や，現実として毎日のように発生している自主回収事例の原因を見ると，食品を製造加工するモノづくり現場の基本環境管理事項（食品取扱いの場づくり）である一般的衛生管理プログラムが，実務担当者一人ひとりに浸透していなかったり守られていないために多発しているといえる．このため食品の安全を確保する一般的衛生管理プログラムを，食を取扱い・加工するモノづくり現場に必須要件として維持定着させる必要がある．しかし，現実の回収事例や事件・事故の発生要因を見ると，守られるべき手順や規範が軽視されて不祥事が続発し，消費者の期待と不安をあおる事態を繰り返しているのが実状といえる．これら職場において，作業手順をはじめ決めごとや法令順守が軽視されるに至る事態を引き起こす要因は，経営層を柱に管理監督者と一般従業員の普段からのルールや決めごとを守る，という企業風土が欠如していることである．繰り返される食品の事件・事故・回収情報に接して，企業風土改革の必要性が求められるが，一朝一夕に組織の変化を求めることは至難の業といえる．

　しかし，"このままでは"と危機感を持つ経営層や管理監督者も多くいるものと推測し，食品安全ネットワークでは職場改革の動機付けに食品衛生7S活動の導入を推奨している．トップが率先垂範し強いリーダーシップのもとに，企業一丸となって目標にチャレンジする雰囲気づくりをすることが，社内に新しい風を吹き込む絶好の機会になると明言できる．

1.1.2　5Sと食品衛生7Sとの違い

　5S活動は職場の改善手法として，企業にとって多くの成果と実績を残す活動として多方面で取り組まれている．我が国で構築された職場の改善活動手法である全社的品質管理活動（TQM）は，既に世界中に展開応用されている．5S活動もその基礎として多くの国で取り入れられている．

　5Sとは，整理（Seiri）・整頓（Seiton）・清掃（Seisou）・清潔（Seiketsu）・躾（Shitsuke）のことで，ローマ字にするとすべて"S"で始まるので，"5S"と言われている．5Sは，自動車産業や電機産業等工業系の工場で，作業の標準化や改善活動手法として，コストダウンや生産性向上を目的に導入され，大きな成果を実績として残している．その結果，多くの企業が職場の改善活動手法として取り入れ応用展開し，世界からも脚光を浴びる日本から発信されたモノづくり工場の管理手法となっている．ただし，工業系の工場における5Sの目的はコストダウンや生産性向上などで，清潔は見た目の清潔で十分である．

　ところが食品工場では，微生物レベルの清潔が維持できなければ，消費者が求める食の安全・安心な製品を市場に安定して供給するという企業使命を達成することが憂慮される．もし万が一にでも微生物汚染が原因の食中毒事故を起こしたなら，企業の存続を問われかねない厳しい状況に陥ることは，過去の食品に関わる事件・事故事例からも明白である．したがって，食品工場では微生物レベルの清潔な衛生環境を維持する手段として，"洗浄と殺菌"は欠かせない重要管理項目として位置付けられなければならない．食品衛生7Sは，5Sに洗浄と殺菌を加えている．

　食品衛生7Sの目的は，微生物制御レベルの清潔である．整理・整頓・清掃に洗浄と殺菌作業を躾で確実に継続維持して，見た目の清潔さだけではなく，ふき取り検査やATP検査等で検証して微生物制御レベルの清潔さを維持することを求める活動である．

1.1.3 ISO/TS 22002-1 の PRP と食品衛生 7 S の関係

食品安全マネジメントシステム（ISO 22000，FSSC 22000）の構築・認証取得後のシステム維持継続に際して，前提となる PRP の食のモノづくり現場における実践と継続・定着は，欠くことのできない管理項目である．PRP と食品衛生 7 S が求める"整理"，"整頓"，"清掃"，"洗浄"，"殺菌"，"躾"，"清潔"は，密接でかつ日常的な食の安全・安心を求める基本的な"衛生環境の場づくり"管理ツールとして，必要不可欠な関係を持っていることが容易に理解される（表 1.2）．

HACCPを継続的に維持管理するには，食品衛生 7 S を日常活動として標準化して，モノづくり現場の基本行動ルールである"躾"に落とし込み，実務担当者一人ひとりが課せられた役割に責任を持って行動できる職場となることが，システムを有効に機能させる条件となっている．従業員の意識改革につながる食品衛生 7 S 活動により，"人が変わり，職場が変わり，会社が変わる"ことで，構築した食の安全マネジメントシステム導入効果を最大限に引き出すツールである．HACCP と食品衛生 7 S とを連動させることは"儲かる企業"，"継続できる企業"へと変身するための有効手段となる．

表 1.2 ISO/TS 22002-1 の PRP と食品衛生 7 S の関係

ISO/TS 22002-1 要求事項	整理	整頓	清掃	洗浄	殺菌	躾	清潔
4　建物の構造と配置	○	○	○				
5　施設及び作業区域の配置	○	○	○	○	○		
6　ユーティリティ―空気，水，エネルギー	○	○	○	○			○
7　廃棄物処理	○	○	○	○	○		
8　装置の適切性，清掃・洗浄及び保守			○	○	○	○	
9　購入材料の管理（マネジメント）	○	○				○	
10　交差汚染の予防手段	○	○	○	○	○		
11　清掃・洗浄及び殺菌・消毒			○	○	○		
12　有害生物［そ(鼠)族，昆虫等］の防除	○	○	○	○	○		
13　要員の衛生及び従業員のための施設	○	○	○	○	○		
14　手直し	○	○	○				
15　製品リコール手順	○	○				○	
16　倉庫保管	○	○	○	○			
17　製品情報及消費者の認識	○						
18　食品防御，バイオビジランス及びバイオテロリズム	○	○				○	

備考　強く関係しているという意図で○をつけたが，実際にはもっと多くの要素が関連している．特に"躾"はどの項目でも関連しているといってもよい．

1.2 ドライ化の重要性

1.2.1 ドライ化の目的と必要性

　食品衛生7S活動を会社活性化の機会と捉えて，経営層の強いリーダーシップのもとに，管理監督者を中心に一般従業員を巻き込んで活動することにより，同じ目線で食品加工現場におけるモノづくりを行う雰囲気が醸成されてくる．毎日発見される職場の問題点や課題に，従業員から積極的に気づきの声が上がってくるようになってくると，今までとは異なる職場の雰囲気が生まれコミュニケーション機会が増える．

　食品衛生7S活動を継続することで，自分たちの職場は自分たちで築くものといった従業員の意識変革は，働く場所の環境改善へと目線や関心事項が移っていくものである．

　食品衛生7Sの目的は，微生物制御レベルの清潔環境維持である．微生物増殖の3大要素，"栄養"，"温度"，"水分"のうちの"水分"を職場から極力除去した環境づくりができるか否かが，この目標達成に大きく影響する．厨房や食品工場において，食品を取り扱い加工する製造工程では，作業に水の使用は欠かせないものであり，洗浄なしでは仕事にならないのが現実の加工現場の実態といえる．作業服をはじめとする作業スタイルでは，長靴は必須の装備品であり，防水前掛けなどで作業着が濡れない着衣が使用され，実際に作業する人々にとっても，それが当たり前の服装として長い間装着利用されてきた．

　"ドライ化"と聞くと，水を使わないというイメージを思い浮かべる傾向にあるが，ドライ化は水を利用しないことではない．厨房や食品工場における食品衛生7Sのドライ化の定義は，"不要な水分（湿気）のない状態"にすることである．

　以前からドライ化の必要性は感じながらも，実際問題として今の作業方法が，水を使わない作業方法に180度変更して推進できるのだろうかなど，ドライ化に対するイメージや難しさが先行してなかなか踏み切れないでいる事業所関係者が多くいることを見聞きする．ドライ化は，厨房や食品工場で求められている衛生環境の管理維持において必須要件である．食品衛生7Sを実行する上で微生物レベルの清潔を維持するためには，ドライ化は推進しなければならない重要な管理ポイントである．取り扱う食材や設備及び機器・器具類を，微生物汚染危害から回避するための防御手段としてドライ化が必要なのである．

　作業環境から不要な"水分"を除去することで，床は滑りにくくなり，いつも濡れた状態が

洗浄台の廃水を床に流さず，排水溝へ誘導．

写真1.1　ドライ化の第一歩

改善され，作業用の履物が長靴からドライシューズに変更され，服装や装備品が軽装となり作業者の負担軽減につながる．ドライ化により，快適で効率のよい，働きやすい職場環境を実現することができ，食品工場の現場担当者に大きなメリットが享受される．

1.2.2　ドライ化は職場全員の創意で実現

厨房や食品工場において，ドライ化を実現するためには経営トップの実現に向けた強い思いと，従事者全員のドライ化の必要性に対する理解と創意と協力が必須要件となる．ドライ化の必要性はわかるが，いざ実行となるとこれまでの慣習や作業条件等がその行動改善に待ったをかけ，従来のウエットシステムからドライシステムへの道を閉ざす．まったく水を使わないのではなく，"ウエット"，"ドライ"，"セミドライ"の条件を建屋内ゾーンごとで，場面に応じて使い分けることが肝要である．

食品取扱い環境で，清掃と洗浄は欠かせない重要管理業務であり，常に清潔な空間が求められている．その際，ドライ一辺倒では微生物レベルの生産環境維持は困難であり，必要に応じ"ウエットシステム"，"ドライシステム"，"セミドライシステム"をエリア単位で適用して運用することを推奨する．

洗浄・殺菌を含む清掃作業を日常の定型業務として，継続・維持させるためには，清掃作業のやりやすい"場づくり"が前提条件となる．それは，作業場が整理・整頓された室内空間として継続的に維持されていることであり，そこでは毎日の清掃・洗浄・殺菌作業が担当者の負担とならない作業となる．

新しい取組みには，拒否反応を示すのが大方の人間心理であり，ドライ化を実現するためには，その場を利用する従事者の理解と必要性を認識し，導入後の利点を体感してもらえる事前の環境づくりが周到に準備されなければならない．

1.2.3　ドライ化の効果

ドライ化を定着させるためには，ドライ化導入の効果を企業全体の関係者で十分認識し理解することが大切である．工場でのドライ化定着は，ハード面の建屋や設備の設計段階で必要条件を踏まえたレイアウト対応が可能であり，ソフト面においても従業員には比較的に日常業務を遂行する上にも，支障なく受け入れられる．

しかし，既存の建屋・設備をこれからドライ化する加工場では，数々の関門を乗り越えて最終到達点である微生物レベルの清潔維持環境へ持ち込まなければならない．そのためにも，ドライ化の効果を関係者全員が理解して実体感を積み上げる必要があり，場合に応じてはハード面の改造を伴う経営トップの判断も求められる．

以下に，ドライ化の効果をあげる．

(1)　微生物制御が容易になる

床に水が溜まると，細菌やカビが発生し，歩くと飛沫があがり食品を汚染するリスクが高い環境状態となる．ドライ化は，微生物増殖要因となる"不要な水分（湿気）"を作業場から除去して，食中毒菌などの増殖を低減させ食中毒予防と食品取扱い環境の衛生レベル向上につながる．生産室内が湿潤状態にある場合は，壁や天井に結露水が付着し，汚れとカビ発生要因となり清掃困難箇所を誘引する．それらは負の環境汚染因子助長機会となり悪循環が拡大する．

さらに設備や機器・器具・部品類の表面に水が残っていると，消毒のためにアルコール噴霧

しても水で薄まり殺菌効果が半減してしまう事態を招く．生産室入場口に長靴洗浄水槽を設置している場合，長靴を洗浄・消毒する目的で行われている行動が，長靴底面についた水により生産室床面をウエットにしてしまい，床の汚染状態を引き起こしてしまうことが多い．長靴を履かないと作業ができないと考え，長年それを続けてきた事業所に対して，"長靴を履いていたら，いつまでたってもドライ化はできませんよ！"と保健所担当官の指導を受け，ドライ化第一歩を洗浄台から流れる洗浄水をホースを用いて，洗浄台排水口から排水路に流すという，すぐにできるところからドライ化に取り組み，"セミドライシステム"を実現した事業所がある．

(2) 清掃作業負荷の軽減

清掃作業は，厨房や食品加工場において明日の製品品質を保証するための大切な管理項目である．清掃作業を，1日の作業が終わった後の片付け仕事と勘違いしている職場を見かけることがある．その日使った設備や機器・器具・部品類を，作業者自身によって分解・洗浄・点検・組み付けするという使用後に必ず行われる一連の保全管理行動は，明日の作業が衛生的に行われるようにする準備作業である．その大事な作業が，やりやすい環境で作業者にとって負担とならない管理項目とするためにも，職場のドライ化は必要である．

ドライ化により生産場内が乾燥状態にあることは，床・壁面・天井・排水溝等各部への汚れ付着を最小限に低減させ，日常の保全清掃項目の頻度と時間を軽減して，その分設備や機器・器具・部品類の清掃点検に力点を置いたメンテナンス作業に集中できる効果をもたらす．

(3) 節水による処理費用のコスト低減とドライ化効果

これまでは，井戸水を使っているから水はふんだんに使えるとばかりに，場内の床面は水浸し，給水蛇口も開放状態の某食品加工企業から相談を受けたことがある．市からの指導により，公共下水道に廃水する処理費用の増加が工場管理費として負担増となる課題を抱えることとなったのである．そこで，セミドライシステム導入を提案して，できる場所からのドライ化推進に着手した．水供給栓の節水部品の組込みと散水ホース先端にストップ栓を取り付けるなどの処置を行ったところ，部品購入の初期投資費用と月々の下水道処理費との費用対効果の対比で成果が見られた．さらに洗浄台の排水口を，ホースを使って排水溝まで導き，これまでの床面垂れ流し方法を是正した．ドライ化に伴う生産室内の乾燥環境を体感してもらい，次のステップとして，長靴からドライシューズへの変更に取り組むことが方向付けられた．

(4) 作業者の意識が変わる

食品衛生7S活動とドライ化を体感した作業者から，従来の仕事や改善活動への取組み姿勢に変化が見られるようになってきたと，管理者自身が手応えを感じるという．従来は，言われたからやるという待ち姿勢の従業員が，仕事の担当責任を意識した気づきのできる積極行動へと変化する傾向が，会社の風土として根づき，気づきの芽生え効果として期待できるようになる．まさに，"人財"育成である．

1.3　食品衛生7Sを基礎にHACCP・ISO 22000からFSSC 22000へ

1.3.1　食の安全とHACCPシステム

HACCPは，1960年代にアメリカが実施したアポロ計画において，宇宙飛行士が宇宙食で食中毒にかからないように，Pillsbury社が開発した衛生管理手法である．アポロ計画に必要

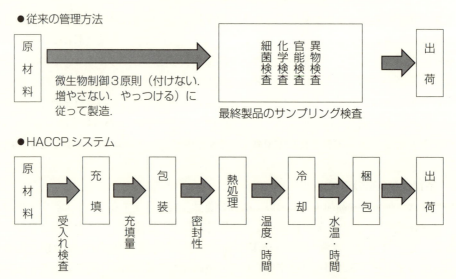

図 1.2 従来の管理方法と HACCP システムの比較

な 100% に近い安全性（99.9999%，不良率 1 ppm）の宇宙食製造過程を保証するために開発された HACCP の考え方は，1989 年にアメリカにおいて "HACCP 7 原則" が公表され，急速に普及した．最終製品の抜取検査結果でできあがった製品の安全を保証する従来の方法から，原材料から流通までの製造工程を段階ごとに管理する HACCP の手法は，安全性の高い製品を市場に供給する手法として広く取り入れられ，現在では食の安全を管理する世界標準となり，多くの食品安全マネジメントシステムに組み込まれて運用されている．

1.3.2 HACCP 運用に必要な前提条件プログラム（PRP）

HACCP を効果的に機能させるための前提条件として，食品安全のための規格 "食品衛生の一般的原則" がある．また日本版 HACCP である "総合衛生管理製造過程"（略称，"マル総"）では，衛生管理の方法が食品衛生法施行規則で決められている．食品を取り扱う事業所において，この前提条件プログラムが実務担当者にどれほど理解され実行されているかによって，運用しようとする各種の食品安全マネジメントシステムの導入効果に大きく影響することを認識すべきである．

食の安全管理マネジメントシステム導入目的を，規格認証取得に主眼を置いたために運用年数が長いわりには効果が現れず，その理由をシステムの弊害として評価する事業所をときどき見かける．製造現場の衛生環境づくりは，前提条件プログラムの内容を理解して常に求められている "モノづくり現場" の衛生管理基本事項を発展させなければならない．この部分を，実務担当者の教育と現場での実践行動でシステムを維持して支えられる組織となっているかどうかが，食品安全マネジメント（ISO 22000・FSSC 2200）の導入効果に直結してくるのである．

1.3.3 一般的衛生管理プログラムを食品衛生 7S で支える体制づくり

ISO 22000 及び FSSC 22000 の食品安全マネジメントシステムには，HACCP が組み込まれ，食の安全を担保するため，一般的衛生管理プログラムが，マネジメントシステムを維持するための基本要求項目と位置付けられて運用されなければならない．一般的衛生管理プログラムで

は，現場実務担当者一人ひとりに課せられた役割と責任遂行の義務を持ち，決められた手順や作業標準を確実に実行することが求められる．

食品衛生7Sの"整理"，"整頓"，"清掃"，"洗浄"，"殺菌"を決めた通り実行して，維持継続させるためには"躾"でルールをつくり必ず守り，やった結果は記録として残す習慣化された組織ができあがることで，HACCPが求める清潔なモノづくり環境が維持される．ISO 22000やFSSC 22000のマネジメントシステムが，自分たちのモノづくり管理プログラムとして，日常的に受け入れられ定着するとともに，認証登録されたシステムが有効に機能して，目指す効果を発揮することで証明される．食品衛生7Sは，各種の食品安全マネジメントシステムを維持継続させるための最適な衛生的環境管理を構築する土台となる．

1.3.4 食品衛生7Sを土台にFSSC 22000構築と運用へ

FSSC 22000で，食の安全マネジメントシステムを構築・運用する際，HACCPの求める前提条件プログラム（PRP）が食品取扱い事業所において，標準的に定着していることが求められている．このPRP要求事項が，食品取扱い従事者に職場の基本行動規範となって理解され，日常的に意識して実践できることでISO 22000及びFSSC 22000システムは成り立ち，システム導入効果として企業の利益を上げ事業所の永続的繁栄をもたらすものである．

PRPが食品取扱い事業所において，実務を担当する一人ひとりの担当者が日常的行動指針を実行できる仕組みづくりとしては，食品衛生7Sが有効な手法であると明言できる．新築事業所及び既存事業所を問わず，食品衛生を維持継続させるためには，実務を担当する従業員一人ひとりによる毎日の実務行動結果にかかっていることを，教育と日常のコミュニケーションで浸透させる必要がある．

食品衛生7Sの"整理"，"整頓"，"清掃"，"洗浄"，"殺菌"を"躾"でルールを決めて，決めたルールは必ず守る職場が"清潔（微生物制御レベル）"を継続的に維持でき，これにドライ化を標準管理事項として積極的に取り入れることで，微生物の繁殖や昆虫類の内部発生を低減できるようになる．

食品事業所の衛生管理前提条件であるPRPを，食品衛生7Sを土台と位置付けた仕組みに取り入れ構築した食の安全マネジメントシステムと連動することにより，大きな効果を発揮し，取扱い製品の安全確保と消費者に安心を継続提供できる企業に発展できるものと確信する．

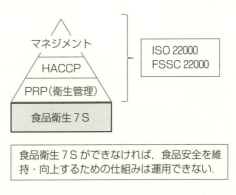

図1.3 食品衛生7Sがすべての土台

提供する食品がいつも安全で，それを求める消費者から安心して購入してもらえるという食品製造事業所の使命を忘れてはいけない．消費者が，商品を選択する条件の第一は安全であることをモノづくり担当者は常に意識していなければならない．価格が高くても，買った商品が安全で安心できるものなら購入していただけるとともに，安くても品質が確かで，かつ安全な信頼できるメーカーの製品であれば選択肢の一つにあげられ，"あの会社の製品なら安全"と言ってもらえる，安心と信頼を得ることが食品取扱事業所の責務である．

1.3.5 ソフト的対応とハード的対応

食の安全管理体制構築に際して，ハード面（設備・施設）への投資を重視して我が社では食品安全マネジメントシステム登録認証は無理だという事業主や管理責任者の声を聞くことがある．食の安全確保は，設備・施設の優劣にこだわる必要はなく，現実に営業許可を得て消費者に毎日安全で安心して良い品質の製品を提供できている事業所であれば，ためらうことなく更なる食の安全・安心管理体制に向けて，食品安全マネジメントシステム構築・導入・維持継続を行うことは十分可能である．

初期投資を十分に行いハード面が充実していることに越したことはないが，少ない経費ではそうはいかない．そのときこそソフトの出番である．ハードが充実しているときにはソフトは簡単でよいが，ハード的対応が良くないときには，ソフトで十分に対応すれば済む．そのような事例が，本書第6章に多く出てくる．逆にいくら高価で立派な設備・施設や機器及び検査装置類を要しても，その機能を有効に使い切れるかはすべて，その職場に従事する作業者である"ヒト"の意識と行動力で決まるものである．

食品衛生7Sの実践は，職場で決められたルールに従って，毎日，安全・安心・良い品質の製品を消費者に提供するために，使命感を持って行動できる人財を育成するモノづくり実務担当者を主役とした，ソフト面から食の安全を確保するための製造環境づくりを実現できる職場風土をつくりあげる効果が期待できる活動である．ゆえに，ハード面が十分でない現場においても，食品衛生7Sを行うことによりハードの不足を十分に補うことができる．

使命感を持って行動できる従業員が発想する職場の衛生環境維持改善事例を写真1.2に紹介する．

パレット保管場所が汚れの堆積や有害昆虫の棲みかとなる．
清掃がやりやすく，汚れの見える化で清潔管理．

写真1.2　事例：自主製作のパレット台

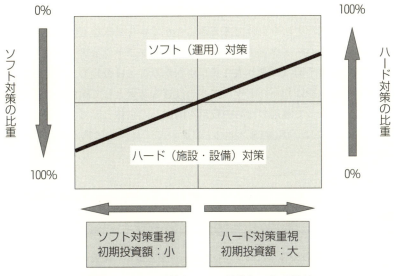

図1.4 ソフト対策とハード対策との比重関係

　食品衛生7S活動が定着することで，実務担当者自らが仕事に責任と自信を持つことができ，更に責任感の意識レベルが向上することから，あらゆる場面での気づきが芽生え改善行動に結び付けることで，全社的な意識変革を巻き起こす職場風土改革へと展開する．この結果は，やりがいのある職場と企業経営の儲け（利益）を生み出す効果につながり，経営側と従業員との間に好ましいコミュニケーションが醸成される．

1.4　ISO/TS 22002-1 のハード要求事項

　1.1節で説明した通り，FSSC 22000 は，食品安全マネジメントシステム規格 ISO 22000 と食品安全のための前提条件プログラム ISO/TS 22002-1（と追加要求事項）を組み合わせた規格である．また，ISO/TS 22002-1 は，ISO 22000 で不十分とされた PRP の要求事項を補うために，PAS 220 をベースとして衛生管理に関する要求事項を ISO が国際標準として発行した規格である．

　この規格は，ISO 22000 では PRP の具体的な記述がなかったために，GFSI が採用しなかったという経緯から，衛生管理の要求事項が18章にわたって具体的に規定されている．また，2014年末に発生した冷凍食品への薬物混入事件以降注目されるようになったフードディフェンスについても規定されており，顧客に安心して取引きしていただくための考え方や取組事項として，食品企業にとって参考になる規定が多い．しかしながら，要求事項が具体的であるということは，認証取得を検討している企業にとっては，実施方法を選択できないために自社の工場で取得できるかどうか不安に思われることも多いのではないだろうか．

　実際のところ，具体的な要求事項については，この規格の適用範囲（1章）において，"除外や代替方法を実施する場合はハザード分析によって正当化すること"（要約）と記述されており，要求事項として規定されている事項は必ず実施しなければならないというものではない．つまり，安全な製品を消費者に提供するという目的を達成するにあたり，製造環境からの危害をコントロールすることができれば要求されていることを実施しないことや，要求している以

外の方法を選択することも可能なのである．その意味では，この規格は他のマネジメントシステム規格と同様に具体的な方法を自社で考えることができる柔軟なものであると言える．

ただし，前述の通り，ハードウェアの不足を補うのはソフトウェアであり，メンテナンスや清掃・洗浄など，一定の手間（つまり人件費）がかかることは否定できない．したがって工場運営全体から考えると，やはりハードウェアへの投資も選択として検討すべきであり，適切に初期投資を行うことによって運用のための費用を削減し，全体としての効率を向上することも可能である．そのためには，ISO/TS 22002-1 において，具体的に求められているハードウェ

表1.3 ISO/TS 22002-1 の要求事項（ハードウェア

4. 建物の構造と配置

4章の概要：
製造するための作業の特性や作業に関連するハザードを考慮し，環境からの汚染を防止するために

No.	項目	要求事項の概要
4.3	施設の所在地	・敷地の境界が明確に特定できる． ・敷地への出入りを管理する． ・敷地内は適切に管理し，植栽の手入れ，構内・駐車場に水溜りがない状態とする．

5. 施設及び作業区域の配置

5章の概要：
工場施設の内部について，適切な衛生状態を維持・向上できるように設計・建設され，維持管理す

No.	項目	要求事項の概要
5.2	内部の設計，配置及び動線	・建物は，動線を考慮し，汚染域と清浄区域が交差汚染しないように配置をする． ・材料搬送時の開放は最小限にするように設計する．
5.3	内部構造及び備品	・ハザードに適した，清掃・洗浄可能な壁及び床とし，壁と床の接合部は清掃・洗浄が容易にできるような設計とする（丸みを推奨）． ・床は水溜りのないように設計され，水漏れなく排水できること．排水にはトラップ及び覆いを設ける． ・埃，結露がない（最小）天井と上部設備とし，窓，換気口，換気扇には捕虫網を設置する．
5.4	装置の配置	・製造装置は，衛生状態の維持及びモニタリング（監視，点検）ができる設計と配置とする．
5.5	試験室	・試験室は汚染がないような設計と配置とし，直接製造室に通じないような構造にする．
5.7	食品，包装資材，材料及び非食用化学物質の保管	・原料，製品，包装資材の汚染を防ぐことができる保管設備とし，乾燥し換気をよくする． ・原料，中間製品，最終製品を隔離できるような構造及び配置とし，材料，製品は床，床から離して保管できるようにする． ・洗浄剤，化学薬剤は鍵をかけるか使用を管理できる設備や構造とする．

アの要求事項を理解し，自社の製造工程や工場環境においてどのような危害が想定されるのか，危害を防止するためにどのような方法が考えられるのかを事前に検討することが望ましい．

　このような考えから，ISO/TS 22002-1におけるハードウェアの要求事項とその概要，そして要求事項を取り入れるにあたって意識しておきたい点について表形式にまとめた（表1.3）．工場新設時，また改修時に一読され，より効率的にPRPを運用できる工場（それがFSSC 22000対応工場となる．）とするための参考にしていただきたい．

に直接関係する要求事項のみ掲載）

適した工場として設計・建設され，また保守することが求められている．
解　説
・敷地は塀や柵で囲うと境界の明確化やアクセス管理が容易になる．また出入りできる場所を制限することも可能であり，受付を設けることでより確実な入場管理となる．困難であれば出入りを把握できるように監視カメラの設置もあり得る． ・構内や通路，駐車場は，日常的に清掃・洗浄を行うことも考慮して勾配や排水溝を設ける．

ること，また工場内は原料や製品，設備が汚染しないように配置することを求めている．
解　説
・製造工程やゾーニングごとに壁や仕切り，床面の色分けなどで区分けする．汚染区域から清浄区域に移動することがないように動線を考慮する． ・材料等の搬送口は二重構造とし，内部に防虫効果の高いビニールカーテン等を設置する．
・使用する原料や製品，薬品，温度を考慮して床材，塗料を選定する．床面は排水が適切に行えるように勾配を付け，平滑に処理する． ・壁と床の接合部は，R形状に仕上げるか，R形状となったステンレスや樹脂製のカバーを取り付ける．その際は水や残渣が入らないようにシール処理を行う． ・空調機，照明設備は埋め込みタイプなどの埃の堆積を防止できる方式がよい． ・天井部への配管は極力避け，清掃しやすい高さに設置する．高所に配管する場合は，埃や結露が落下しても原料や製品を汚染しないような場所を考慮する． ・窓には原則防虫ネットを設置する．防虫ネットのメッシュは30メッシュ以上が望ましい． ・製造設備，衛生設備は清掃・洗浄がしやすいように床面，壁面から離して設置する（1m以上が望ましい）． ・検査室は製造室とは区分けされた場所に設置し，前室を通り微生物や異物の除去後に入室するような配置，構造にする． ・保管室においても清掃・洗浄がしやすいような構造や部材とする．保管用の棚は床から十分に間隔を開けるか，移動できるようにする．保管物は清掃や点検ができるように壁との隙間を確保する． ・保管する物品に応じて空調設備を設置するなど，温度，湿度等の管理をする．

表1.3

6. ユーティリティ−空気,水,エネルギー

6章の概要:
空気や水,エネルギー源を保管及び供給するための設備は,原料や製品を汚染することがないよう

No.	項　目	要求事項の概要
6.2	水の供給	・貯水及び供給,給湯等,製造に必要な品質の安全な飲用適の水が供給できる設備であること. ・殺菌に塩素を用いる場合は水を使用する時点で基準を満たすように管理する. ・飲用不適の水が飲用適のシステムに逆流しない.
6.3	ボイラー用化学薬剤	・ボイラー用化学薬剤は,食品に使用するものとして許可されたものであること.化学薬剤は鍵がかかるか使用を管理できる場所で保管する.
6.4	空気の質及び換気	・原料や製品に必要な空気の質を維持管理する. ・蒸気や埃,臭いを取り除き,洗浄後の設備等が乾燥するように換気を行う.また空気の汚染や,汚染された空気が清浄区域に流れないように圧力を管理する.
6.5	圧縮空気及び他のガス類	・製造に用いる空気は汚染のないようにつくる. ・コンプレッサーに用いる油は食品用グレードとする(製品に接触する場合). ・空気の濾過は使用する箇所の近くで行う(望ましい).
6.6	照明	・作業に適した照明の明るさを確保する. ・照明器具が破損した際に製品等を汚染しないように保護する.

7. 廃棄物処理

7章の概要:
廃棄物は,製品や製造場を汚染しないような施設設備及び手順で管理することを求めている.

No.	項　目	要求事項の概要
7.2	廃棄物及び食用に適さない,又は危険な物質の容器	・廃棄物を保管する容器はそれがわかるように識別し,決められた場所に配置する. ・容器は保管する物質に適した材質であり,使用するとき以外は密閉する. ・廃棄物が製品を汚染する可能性がある場合は施錠する.
7.3	廃棄物管理及び撤去	・製品を汚染しないように食品と接触する可能性がある区域や保管区域には廃棄物を保管する場所を設けない.
7.4	排水管及び排水	・原料や製品の汚染がないように排水管を設計,施工する. ・排水が他の物を汚染することがないよう流量を確保し,加工場所の上を通過しない.また汚染区域から清潔区域に排水が流れない構造とする.

1.4　ISO/TS 22002-1 のハード要求事項　　　　29

（続き）

に設計，維持管理することを求めている．

解　説
・水道水と井水など，性質や用途が異なる水は，配管の色を変えたり，表示をするなど，間違いが発生しないような管理をする． ・水道水以外を使用する場合，貯水槽を使用する場合は，殺菌装置を用いて水の殺菌を行い，給水栓の末端で遊離残留塩素が 0.1 mg/l 以上となるような管理を行う． ・飲用適でない井水や工業用水などが飲用適の水に流れないように，これらの配管は独立して設置し，接続されることがないように配慮する．
・ボイラー用の薬剤（洗浄剤，スケール除去）は，ボイラー室が設けられていれば室内に保管して施錠する．ボイラー室以外であればロッカー等の扉のある保管庫で管理する．いずれも，鍵は許可を得た者のみが取り扱う．
・原料や製品に求められる空気の質（清浄度，温度，湿度）を考慮して空調設計を行う． ・汚染区域から清潔区域に空気が流れないように圧力を管理する． ・製品や工程の必要性に応じて空気の清浄度をフィルターで管理する．フィルターを設置する場合はメンテナンスしやすい場所に設置する．
・空気配管にはできるだけ製品に近い位置にフィルターを設け，仕様に従ってメンテナンスする． ・オイル及びフィルターは食品用のものを用い，可能ならばオイルを使用しないコンプレッサーとする．
・照明の明るさは，通常の作業，検査・検品等，作業の内容に応じて定める（衛生規範を参照）．照度の設定は照明器具の経年劣化も考慮すること． ・照明器具は，明るさだけでなく，保守性も考慮して選定する．LED 照明は，低消費電力だけでなく長寿命であるため，交換の回数を削減できる． ・破損しないような防護柵やカバーの使用，飛散防止処理された照明器具を使用する．

解　説
・廃棄物容器は，清掃・洗浄に適した材質，構造を考慮して選定する． ・容器には蓋を設け，必要に応じて鍵をかけて管理する．
・作業中の廃棄物保管場所は作業エリアから離して設置する．また，製品等の汚染が最小限となるような，外部に搬出しやすい場所を設ける． ・廃棄物が温度の影響を受ける場合は温度管理された専用の一時保管庫等を設置する．廃棄物保管庫は，製造室と同様に清掃・洗浄がしやすい構造や部材とする． ・廃棄した製品を他の用途で使用される恐れがある場合は，取り出し，使用ができないように密閉・施錠できる構造とする． ・加工設備は空調などから排出される水は，床面に流さずに排水溝に直接流すような構造にする． ・汚染区域からの排水が清潔区域に流れないように設計する．

表 1.3

8. 装置の適切性，清掃・洗浄及び保守

8章の概要：		
食品に接触する製造のための装置は，清掃・洗浄・殺菌及びメンテナンスが容易にできるような材		
No.	項 目	要求事項の概要
8.2	衛生的な設計	・洗浄に適切な装置の設計である． ・穴やボルト・ナットで貫通していない構造とする． ・配管は洗浄可能で盲管（管の一方が閉じている状態）がない．
8.3	製品接触面	・材質は食品の製造に適したものであり，不浸透性でさびや腐食がない．
8.6	予防及び是正保守	・食品安全ハザードの監視に用いる機器は予防保守を実施する． ・(是正) 保守は製造ライン，製品を汚染しないように実施する． ・製品の安全性に関わる保守を優先して実施する． ・保守の際に一時的に取り付けられたものは安全であること． ・保守のための置き換えはスケジュールを管理する． ・潤滑油や熱媒体は食品グレード（汚染の可能性がある場合）であること． ・保守の際の手順に清掃・洗浄・殺菌を含める． ・保守要員は製品のハザードについて訓練をすること．

9. 購入材料の管理（マネジメント）

9章の概要：		
食品安全に影響する原材料を購入する際の供給者（取引先）の選定及び取引時の管理について求め		
※本要求事項は主に製品に使用する原材料の購買について述べられているが，ここではハードウェ		
No.	項 目	要求事項の概要
9.2	供給者の選定及び管理	・供給者の評価基準，手順を定めて実施する（ハードに関する供給者も含む．）． ・管理のレベルはハザードの評価結果に見合ったものとする．
9.3	受入れ材料の要求事項（原料／材料／包装資材）	・バルク材料の受入れ口は識別され，蓋には施錠をする．

10. 交差汚染の予防手段

10章の概要：		
原料や製品への交差汚染を管理するための具体的な手段及び管理を行うことを求めている．		
No.	項 目	要求事項の概要
10.2	微生物学的交差汚染	・微生物学的な交差汚染が考えられる場所は，ハザードを評価した上でゾーニングする．
10.4	物理的汚染	・ガラスや硬質プラスチックは避けることが望ましい． ・防止のための管理方法（例） 　・対象物への覆い 　・メッシュやマグネットによるフィルター 　・金属探知機，X線異物検出機

1.4 ISO/TS 22002-1 のハード要求事項　　31

(続き)

質，構造であることを求めている．

解　説
・製造設備や機械を設計，購入する場合は，以下を考慮する． 　① 汚れが付着しにくい材質，形状 　② 汚れが落ちやすい材質，形状 　③ 使用する原材料や製品（酸，アルカリ，塩分，温度等）に対する耐性 　④ 洗浄剤，殺菌剤に対する耐性 　⑤ 洗浄がしやすい構造（電気系統などの重要部品の防水性，分解のしやすさ）
・装置等の保守を行う際は，使用する道具，部品，資材が製品を汚染しないように考慮する．すべての物品は持ち込みする物の種類，数を把握し，終了後に不足物がないか確認すべきである．また，テープや紙，プラスチックなどの破損しやすい物の取り扱いは特に注意する．保守の実施後は，これらの異物や金属粉などが付着していないかを点検する． ・保守を行う際は応急対応及び装置等の交換，恒久対応について製品にリスクとならないように計画的に実施する． ・外部の保守要員に対しても，対象企業及び製品のハザードを理解させるような仕組みを定める．

ている．
アの購入，設置，工事を含めた購買業務について記述した．

解　説
・ハードを供給する業者についてリストアップし，食品製造に関する知識及び経験，また認証の取得等について評価する．業務委託，購入の判断は評価結果に基づいて行う．
・原材料の受入れ口は原料の間違いが発生しないように名称の表示等を行う． ・また受入れ口は不用意に開閉されることがないように鍵をかけ，担当者を決めて管理する． ・開放時に異物等が入らないように周囲の構造に注意する．

解　説
・原料や半製品，製品の性質及び製造工程を考慮して製造室の配置及びゾーニング方法を定める．これらはハザード分析及び評価の結果を用いて科学的に行う．
・ガラス製品は原則使用しない．硬質プラスチックも原料や製品に混入する恐れのある場所では極力避ける． ・混入の恐れがある場合は，製品や工程の状況に応じて保管容器，製造装置，コンベアにカバーを設置する．また，液体，粉体搬送ラインでは，可能であればメッシュ，磁石，フィルター等の除去装置を設置する．工程中の除去が困難であれば金属検出機，X線異物検出器の導入を検討する．

表 1.3

11. 清掃・洗浄及び殺菌・消毒

11章の概要： 製造装置及び環境を衛生的に管理するために必要なツールの使用及び管理方法，また定めるべき清		
No.	項　目	要求事項の概要
11.2	清掃・洗浄及び殺菌・消毒用のための薬剤及び道具	・清掃・洗浄のための装置は衛生的な設計であり，危害を与えない状態を維持する．
11.4	CIPシステム	・CIPは稼働中の製造ラインから分離する． ・CIPを管理するためのパラメータは監視する．

12. 有害生物［そ(鼠)族，昆虫等］の防除

12章の概要： 製造環境がそ(鼠)族・昆虫を誘引する原因とならないような施設設備の状態及びそれらの維持管理		
No.	項　目	要求事項の概要
12.3	アクセス（侵入）の予防	・侵入防止のために，穴や排水管等の侵入口は塞ぐ． ・扉や窓，換気装置は侵入を防ぐように設計する．
12.4	棲みか及び出現	・有害生物の棲みかは取り除く（穴，植栽，保管物）．

13. 要員の衛生及び従業員のための施設

13章の概要： 製造場及び原料，製品を汚染しないための従業員のための施設及びその管理について求めている．		
No.	項　目	要求事項の概要
13.2	要員の衛生の設備及び便所	・工場の適切な場所に衛生施設を設置する． ・以下について実施する． 　・十分な数の衛生施設（トイレ，手洗い等） 　・温水，殺菌装置，手動ではない手洗い用シンク 　・直接製造，包装，又は保管区域に通じていない（扉，仕切り） 　・適切な更衣室の設置
13.3	社員食堂及び飲食場所の指定	・社員食堂，休憩エリア及び食品の保管場所は，製造区域との交差汚染がないように配置する．

1.4 ISO/TS 22002-1 のハード要求事項　　　　　　　　33

（続き）

掃・洗浄の手順について求めている．

解　説
・清掃・洗浄に用いる機器及び道具は，これら自体を清掃・洗浄及び殺菌できるように設計，準備する． ・清掃・洗浄及び殺菌に用いる化学薬剤は，食品用途のものを用いる． ・CIP（定置洗浄：Cleaning in place）を用いる場合は，薬剤や汚染水の混入を防止するために稼働している製造ラインから分離できるような構造とする．

を行うことを求めている．

解　説
・外部からの侵入の可能性がある排水管等の穴には金網等を設置し，不要な穴は塞ぐ．窓や換気扇には適切なメッシュの網を設置し，必要に応じて防虫フィルム，防虫カーテンを設置するとより効果的である． ・工場の内部及び外部においてそ(鼠)族，昆虫などの棲みかとならないように，構造物や機器の穴をなくし，植木や備品等は置かない． ・外部に保管することが予測される場合は，上部からの異物による汚染がないように屋根などの構造を検討する．

解　説
・衛生施設の設計は，従事者数，製造体制等を考慮してできる限り待ち時間が少なくなるように行う． ・手洗いシンクは破損の際に異物混入の原因とならないようにステンレス製が望ましい．また，手洗い水栓は冬季にも確実に手洗いができるように湯が使えるようにすべきである． ・トイレは交差汚染を避けるために洋式としたい． ・食堂や休憩室は製造室から直接移動できる場所に設置せず，製造室から退室した後は前室を通過しないと入室できないような構造とする． ・製造室内が高温であるなど，従業員の水分補給が必要な場合も可能な限り製造室外とすべきであるが，構造上，また運用上難しい場合は，汚染のないように配慮（手洗い・殺菌ができる場所，紙コップの使用など）して設計する．

表 1.3

16. 倉庫保管

16 章の概要： 原料や製品を保管する場所は，埃や結露，煙，臭い等による汚染がないように維持管理することを		
No.	項目	要求事項の概要
16.2	倉庫保管の要求事項	・保管する物品に必要な環境条件が得られる管理を行う． ・廃棄物，化学薬剤は別々に保管する． ・ガソリン，ディーゼルで動くフォークリフトは材料，製品保管区域で使用できない．

18. 食品防御，バイオビジランス及びバイオテロリズム

18 章の概要： 製品への意図的なハザードを，評価した上で必要な予防手段をとることを求めている．		
No.	項目	要求事項の概要
18.2	アクセス管理	・施設内の重要な箇所は明確にしてアクセス管理する． ・重要な区域は明確にして，鍵，電子カード・キー等により（物理的）入退室管理を制限する（望ましい）．

（続き）

解　説
・保管する原料や製品に合わせた温湿度や衛生環境が得られる施設設備を考慮する． ・廃棄物及び洗浄剤，殺菌剤，潤滑油などの化学薬剤は，原料，製品との交差汚染がないように別の保管室を用意するかロッカー等の汚染を防止できる設備を設ける． ・エンジンで駆動するフォークリフトは原材料，製品保管区域で使用できないため，バッテリータイプのリフトを中心に使用場所，充電エリア等を考慮して設計する．

求めている．

解　説
・原材料や製品に危害を混入する可能性がある製造エリアは自由に侵入ができないように管理する．方法を選択する際は，可能な限り汚染のないように考慮する（非接触式のICタグ等）． ・監視カメラ等の侵入を記録でき，抑止効果のある方法が有効な場合もある．

参 考 文 献

1) 米虫節夫監修，角野久史編（2013）：やさしい食品衛生7S入門〈新装版〉，日本規格協会
2) 米虫節夫監修（2011）：食品衛生7S入門，職業訓練法人日本技能教育開発センター
3) 技術仕様書　ISO/TS 22002-1：2009　第1部：食品製造，日本規格協会
4) 『月刊食品工場長』2008年7月号，特集　床ドライ化への挑戦，(株)日本食糧新聞社
5) 『月刊食品工場長』2010年7月号，特集　GFSIとFSSC 22000，(株)日本食糧新聞社
6) 『月刊食品工場長』2010年9月号，特集　PAS 220実践講座，(株)日本食糧新聞社
7) 『食品機械装置』別刷，HACCPシステムと食品工場ハード整備計画，2000年11月号，p.61-60，(株)ビジネスセンター社

2. 食品工場建設・改修時においてはじめに考慮すべき事項

　食品メーカーにとって、今後の工場建設もしくは改修は国際的な食品安全マネジメントシステム FSSC 22000 対応となることが多い。そのとき、表1.3のようなハード的対応の検討も必要であり、それらの計画はおそらく経営上最も失敗が許されない行為であろう。その理由は大きくは次の2点である。

　一つは、投資金額が大きいことである。工場の新設や改修は自社の経営における最大の支出を伴う投資である。例えば、原材料や包材を誤って購入し、そのすべてを廃棄処分しなければならなくなった場合における損失と比較しても、金額的にはその比ではない。

　もう一つは、一度稼働し始めた生産施設を再び改修するためには、生産活動に大きな制約がかかることである。場合によっては生産を止めなくてはならないこともありうる。食品工場を操業しながら改修することは、他の工場に比べてより困難であることは想像に難くない。

　以上の点から、やり直しが容易でないのが、工場の建設や改修である。

　建築を取り巻く商慣習や法的な論点は一般的な購買行動とは感覚的に異なる点が多く、そのことが往々にしてトラブルにつながる。そのため食品工場を建てようというオーナー（ここでは施主と呼ぶことにする。）は、建築に関する正確な基礎的知識を習得することが重要である。

　そして、食品工場のような建物を建てる際には、単に設計や施工を担う業者を選ぶというより、工場建設という事業を共に進める"戦略パートナー"を選定するという視点をもつべきである。

　本章及び次章では、この点を中心に解説する。

2.1　食品工場の建設において、どのような失敗が起こりうるのか

　食品工場に限らず、建築における失敗やトラブルの事例は後を絶たない。もっとも想像しやすいのは雨漏れの発生であろう。建築はその一品生産性や現地生産という特徴により、他の製造物に比べて安定した品質を確保しにくい。高速で走る自動車が雨漏れすることはないのに、静止している建築物で、なぜこれほど雨漏れが多いのかとよく指摘されるくらいである。

　食品工場を建てる際に起こりうるトラブルとしては以下のようなものが考えられる。

　　① 基本的性能の欠落（雨漏れ、耐震性の不足など）
　　② 建設費の予算オーバー
　　③ 施主にとって使いにくい工場となってしまった
　　④ 不十分なアフターフォロー

　これ以外にもあるが、おおよそ代表的なものはこの4種類であろう。いずれもその発生に至る原因は複合的なものだが、共通して当てはまるものとして"パートナー選びが不適切であっ

たこと"があげられる.

①基本的性能の欠落(雨漏れ,耐震性の不足など)などはパートナー自身の建築専門家としての力量不足によることが多いが,②建設費の予算オーバーや③施主にとって使いにくい工場となってしまったなどとなると事はそう単純ではない.いずれの場合も,パートナーそのものの質の問題というより,むしろその選定プロセスや施主とパートナーとのコミュニケーション上の問題が本質的な原因である.

食品工場の特徴はその多様性にある.求められる要件やスペック水準が工場によってまちまちなのである.したがって食品工場に共通して求められる要求水準に関する知識と,多様なニーズに柔軟かつ適切に対応できる能力こそが食品工場建設のパートナーに必要な"専門性"である.

表2.1に食品工場の設計・施工経験の乏しい,すなわち"専門性"の低い会社に依頼した場合に起こりうる失敗事例を解説とともに示す.

表2.1 食品工場の失敗事例

不具合	事 例	解 説
冷凍庫内天井の結露(霜)	新築直後は前室と冷凍庫の間にビニールカーテンを設けていたが,作業性を優先して撤去したために冷凍庫内天井に多量の霜が発生した.	フォークリフトで製品を出し入れするので,ビニールカーテンだと毎回押し分けて通過することがストレスになる.また,ビニールカーテンは経年で硬化してしまい,通過時のストレスを増幅させる.このような事例では,通路と前室間の扉,前室と冷凍庫間の扉ともに自動扉とし,同時に開くことがないようにインターロック制御を掛けることが望ましい.その際にフォークリフトが十分におさまるように前室の奥行きを確保することが必要である. 本事例では,通路の室内圧が冷凍庫のそれよりも高かったため,常温の空気が冷凍庫内の内部に流れ込んだことも多量の霜を発生させた要因だと考えられる.このように冷凍庫内に常温空気が流れ込まないように圧力バランスに対する配慮も必要である.
埋設排水配管勾配の不良	製造室の排水桝から異臭が発生した.	排水桝から先の埋設配管の勾配が施工上適切に確保できておらず,埋設配管内に溜まった食品残渣が腐敗したことが異臭の原因である.一般論として排水勾配の確保は施工上重要な管理項目であるが,食品工場においては,衛生面の観点からも特に注意深く施工する必要がある.埋設配管を敷設した時点での勾配計による目視検査,及び床コンクリートを打設した時点で通水試験を行い,カメラで配管内に水溜りがないことを確認するぐらいの施工管理が食品工場では求められる.
蒸気を含む排気ダクト内の結露	天井裏に設置した排気ダクト内の結露水が天井面に漏れた.	通常の排気ダクトは水が流れることを想定したつくりになっていないので,蒸気を含む排気がダクト内で多量に結露する可能性がある場合は注意が必要である.ダクトの経路・勾配を工夫する,ダクトの接続部分に止水処理を施す,結露水を速やかに取り出して排水するドレンを設けるなどの配慮が必要である.
天井裏メンテナンススペースの計画	天井裏をメンテナンススペースとする意図で一定の高さを確保したものの,換気	各種設備を個別で考えて,最小限のすり合わせしかされていないために全体最適になっていない事例である.設計段階で天井裏のダクト・配管・配線を重ね合わせて総合的にルートを検討することにより,天井裏

表 2.1 （続き）

不具合	事 例	解 説
	ダクト，各種配管・配線が無計画にレイアウトされており，メンテナンス性・歩行性が悪い．	空間がすっきりと整理される．また，通路を明確にして簡易床材（グレーチング等）を設置することで歩行性が飛躍的に改善する．点検・メンテナンスの頻度が高く配管・配線の量が多い食品工場特有の課題である．
防虫網による給排気能力低下への配慮不足	給気用のガラリ（鎧戸，ルーバー）に防虫網を設置したところ明らかな給気不足になった．	防虫網の網目の粗さを，当初 20 メッシュとして設定して換気系統を設計していたが，その後の検討の結果，更に細かい 40 メッシュに変更となった．しかしながら給気口の大きさは当初のままとなっており，今回のトラブルに至った． 食品工場において防虫に対する考え方は，建物の基本性能とも言うべき重要な事項であり，施主としっかりと共通認識を持っておくべきである．ちなみに 40 メッシュの防虫網の開口率は 30〜50 ％程度であり，第 3 種換気を採用しようとすれば相当大きな給気口が必要になる．また，清掃前の目詰まりが進行した状態では，いよいよ給気不足になる．圧力管理のしやすさを考えても第 1 種換気を採用することが望ましい．
防錆仕様が必要な室に対する配慮不足	多量の塩分を扱う工場で空調機が早期に故障・取替えとなった．	酢や塩分を取り扱う食品工場では，空調機の防錆対策が必要になる．空調機の本体にステンレスを採用し，内部の部品にカチオン電着塗装を施すなどの方法がある．設計段階で単に室の広さや天井高さなどのヒアリングにとどまっていると見落としがちな要件である．食品工場を設計する際には取り扱う原料から製造工程，製品包装及び製造機械や室内の洗浄まで一通りの流れを把握しておくことは必須である．空調機の他に床・腰壁・排水溝・排水桝・建具にも防錆の配慮が求められる．
粉体を取り扱う室の空調に対する配慮不足	新築後操業を開始して間もなく空調の効きが悪くなった．	空調機が室内に拡散している粉体を吸い込み，早期にフィルターが目詰まりを起こしたことが原因である．粉体を取り扱う室では，粉体が露出する工程とエリア，拡散の度合いを把握した上で空調・換気の設計を行う必要がある．本来，生産機械側もしくは作業上の工夫で室内に粉体が拡散しないようにするべきであるが，やむを得ず拡散してしまった粉体を更に拡散させるような気流を起こしてはならない．そのためには，給排気口や空調機の配置を慎重に検討する必要がある．さらに空調機については，外気導入型を採用することが望ましい．
手洗いシンクに対する配慮不足	手洗い水がシンク内におさまらず，周囲に飛び散っている．	シンクに対する蛇口の高さ及び平面的位置が不適切であったために起こった不具合である．食品工場の手洗い設備は，"使いやすく"・"衛生的"である必要がある． これらの要件を満たすためには，適度な水圧・適切な高さと平面的位置の蛇口・適切な大きさ及び深さのシンク，これらのバランスが必要である．給水設備とシンクを別々に手配して組み合わせる場合には，特にこのバランスに配慮しなければならない．ちなみにシンクのオーバーフローは，掃除しにくい部位なので運用でカバーすることにより廃止したい．

表 2.1 （続き）

不具合	事 例	解 説
空調機のドレン排水方法	ウェットエリアの空調機のドレン排水を直接床に流していたら，外部監査で衛生面の問題を指摘された．	本事例では，床がウェット仕様なので水が流れてもよいとの判断から空調機のドレン排水を直接床に流していた．しかし，ドレン排水はトラップで一時滞留するので汚染水ともいえるため，直接排水桝・排水溝に流すことが望ましい．

2.2　建築に関わる基礎知識

2.2.1　一般的な建築の流れ

前述のような問題を防ぐため，食品工場を建てる当事者である施主はどうすればよいのであろうか．理解しやすくするため，まずは建物を建てる順序に沿って一般的な流れを工程ごとに紹介する．

(1) 設計者を選ぶ

建物を建てるには"設計図"が必要となる．これは専門的な知識がなければ自身で描くことは困難であるから設計者へ依頼することになる．この設計図は建物を建てる最初の工程であり，本来ならばコンペ（競技）を行い，慎重に設計者を選定することが理想である．しかし現実的には，"知り合いからの紹介"や"近所に設計事務所があった"など，安易な理由で依頼しているケースが少なくない．

(2) 設計契約

後に詳述するが，設計者とは設計業務委託契約という契約を締結する．特定の設計者に"設計業務を依頼する"契約である．

(3) 基本設計のためのヒアリング

設計契約を行っても，設計者はすぐに設計図を描くことはできない．まずは施主が希望する建物の規模，形状，大まかな部屋割り，動線（ヒトやモノの流れ）の設定，具備すべき設備の基本仕様などをヒアリングし設計していく．これは"基本設計"と呼ばれる．

"設計図"はこれをもとにして，更に実施設計と設計図，完成予想図の作成を経て作成されていく．基本設計では"建てたい建物に対する施主の希望要件についての確認"に比重が置かれている．

設計者は，施主が希望するのはどのような建物なのか，その建物を使って何をしたいのか，などの要望を詳細にヒアリングしていく．この作業は建築設計において最も重要なプロセスであり，ここの部分でマンパワーをかけずに進めてしまうと，後に大きなトラブルが起こる原因となる．

(4) 実施設計と設計図，完成予想図の作成

基本設計が終わると，次に工事を行うための設計を行う．これは"実施設計"と呼ばれる．ここでは設計者が実務作業に集中する分，施主とのコミュニケーションは比較的減っていく．

こうして，いよいよ設計者は設計図や完成予想図（＝建物が完成したイメージ図）を描き，施主へ提示していくことになる．ここで注意すべきことは，あまり完成予想図に振り回されないことである．平面図や断面図といった設計図に比べて，完成予想図は建物のイメージがつき

やすいため多くの人が注目しがちである．しかし完成予想図は外観のイメージを伝えているに過ぎず，使うための建物であるかどうかを判断する情報としては一部に過ぎない．プロジェクトの本質ではないのである．完成予想図のカッコよさだけに惑わされてはならない．

(5) 確認申請

建築する建物が，法令等に沿って設計されているかを確認する行政手続きを"確認申請"という．"確認がおりる"という表現を使う業者もいるが，これは行政から確認済証を渡されることから，このような言い方をする．

確認申請は，確認申請書という書類一式を提出し，行政担当者が机上で審査するという手続きである．しかし実際は，事前協議というプロセスを経ることになっており，関係官庁とすり合わせた結果を反映させて提出することになる．この事前協議や確認申請は設計者が行う業務である．

(6) 施工者の選定

設計者が見積可能な図面を提出してきた段階で，施主は一社又は複数の業者へ見積りを依頼することになる．

ちなみに，一社のみに見積りを依頼し発注することを"特命"と呼ぶ．また複数の業者から見積りを集め，比較検討して選定，発注することを"入札"あるいは"相見積"などと呼ぶ．実際には確認申請の期間中に同時並行でこれらを実施するケースが多い．

(7) 着　工

確認申請がおりれば，建物を建てる工事に着手することが可能となる．一般的には，確認申請がおりる時期にあわせて施工者の選定が済み，引渡し（竣工）時期に合うよう予定が組まれる．また着工時には，地鎮祭や起工式といった式典をとり行うこともある．

(8) 施工図の作成

ここまでの段階で設計図は完成しているが，これだけでは建物を建てることはできない．

　　・どのような仕様の材料を使うか
　　・何をどのような大きさで，どの位置に取り付けるか

などといった情報については設計図に描かれていないのである．その意味において設計図はどこまでもイメージ図の域を出ない．

先に挙げた情報などを確定させて作成する図面を"施工図"と呼ぶ．この施工図は設計者ではなく，施工者であるゼネコンが作成することが一般的である．

(9) 施工中の打ち合わせ

施工図を作成するためには，施主，設計者及び施工者の三者で打ち合わせが必要となる．例えば，

　　・照明はどのような製品を用いるか
　　・スイッチはどこに設置するか
　　・壁の色は何色に仕上げるのが良いか
　　・ドアの取手はどのようなデザインにするか

などである．これらを踏まえて建物が建てられていく．

(10) 検　査

建物が契約通り，かつ図面通りに建てられているか，設備等が所定の性能を満たすように作動するか等は検査を実施して確認する．この検査は，

①施工者による自主検査　→　②監理者による検査　→　③施主による検査

を順番に実施していく．①と②については工事中を含め複数回に分けて実施し，③は最終段階に1回だけ実施されるというケースが多い．

なお，建物が設計図通りに建てられているかを確認する行為を"監理"と呼ぶ．同じ読みの"管理"と混同されることが多いが，意味が異なるので注意を要する．監理者とは，この監理業務を担当する立場であり，多くの場合は設計者が監理者を兼任する．

(11) 竣工引渡し

建物を建てる工事が完了し，完成した状態を竣工という．この時点で建物は施工者から施主へと引き渡すことになる．

ここで注意したいのは，引き渡しとともに建物の管理責任者も変わるという点である．施工中の建物は，製造業でいう半製品に当たるものであり，管理責任は施工者にある．しかし，建物が竣工し引き渡された後は，施主が管理責任者となる．

あってはならないことだが，建物で火災が発生した際，施工中ならば施工者が責任を負う．しかし，建物を引き渡した瞬間からは施主が管理責任者となるから，実際に建物を使用する前であっても火災保険の付保や管理体制を確立しておく必要がある．

(12) アフターフォロー

"建物を建てる"という工程は，竣工・引き渡しでひとまず完了となる．そのため施主の多くは認識していないが，実はアフターフォローこそが建物を長くかつ有効に使うために重要なものである．

このアフターフォローについても重視して，施工者を選ぶ必要がある．なぜなら，建物が竣工し実際に使うようになってから施工者の対応が必要となるケースが意外に多いからである．例えば，次のような事項がある．

- **(a) 不具合への対応**：施工者に責任がある場合，そうでない場合を問わず不具合は起こり得るものである．どちらの場合も施主には判別できないから，施工者が現地に赴いて調査し説明することが必要となる．
- **(b) 取扱い説明**：引き渡し後に，施主がいわゆるクレームを申し立て，施工者を呼び出すことがある．この場合に多いのが施主側の理解不足である．例えば設備の使い勝手についてクレームがあった場合，使用方法を説明するだけで解決するということも少なくない．これは引き渡し以前，または引き渡し時に，施主に対して施工者が十分かつ適切な説明を怠っていたということが原因というケースもよく見られる．
- **(c) リニューアル工事**：竣工した後，使っているうちに事業の環境が変化し，その用途にあわせて建物の改修・リニューアルが必要になることもよくある．これは施主側の追加的な要望であるから，リニューアルに伴う追加工事では，本来は新築工事と同様に別途契約を締結し実施することになる．

以上の流れを図2.1に示す．

2.2.2　建築に関わる登場人物——施主・設計者・施工者の関係

ここまで建築の一般的な流れについて紹介したが，この中で"施主"，"設計者"，"施工者"の3者が登場した．この3者を指す用語や関係性について説明しよう．

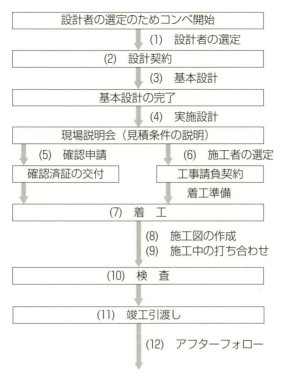

図 2.1 施主の立場から見た建物を建てるまでの流れ

(1) 施主

建物を建てる当事者であり，言い換えれば"お金を出す人"のことである．専門的には，同じ対象を表す用語として建築主，事業主，発注者等，さまざまな呼び方がある．これについても簡単に説明する．

建築主：建築基準法に出てくる用語である．同法第2条16項に，"建築物に関する工事の請負契約の注文者又は請負契約によらないで自らその工事をする者をいう．"と定義されている．設計事務所などでよく使われる言葉だが，意味合いとしては施主とほぼ同じである．

事業主：工事を事業として捉えれば事業主という言い方もできる．例えば分譲マンションを建設する際は，開発会社や売主が事業主である．しかし，最終的にそのマンションの購入者は，開発会社にお金を支払った別の人になる．

発注者：工事に関する契約書で登場する．民法上では"注文者"にあたる．ただし，建設工事はいわゆる多重請負方式で行われる場合が多く，この場合は発注者も複数人となる．例えば，施主と元請*ゼネコンとの請負契約の発注者＝施主，元請ゼネコンと一次下請**協力会社との請負契約の発注者＝元請ゼネコン，といった形となる．建築基準法における建築主の定義によると"請負契約の注文者"たり得る元請ゼネコンや協力会社も建築主ということになってしまい，この定義は必ずしも正確ではないことになる．

注　＊　施主が注文者となって，直接工事を請け負う立場．
　　＊＊　元請が注文者となって，その下で工事を請け負う立場．その下に二次下請が存在する工事もある．

(2) 設計者

建物に限らずモノづくりには設計が必要となる．建築において設計を行う立場にある者を

"設計者"という.

一般的には，"設計士"，"建築士"などと呼ばれることも多いが"設計士"という公的資格はない．建築士については，建築士法という法律に規定される資格名で，"一級建築士"，"二級建築士"，"木造建築士"などの資格がある．

これら設計を事業として行う法人や個人を"設計事務所"と呼ぶ．こちらも"設計会社"，"設計業者"とさまざまな呼び名があるが設計事務所が一般的であろう．

また，あえて"建築家"を称する設計者もいる．これも設計士と同様，公的な資格ではなく画家や音楽家と同様に明確な定義もない．名刺に"建築家"という肩書きが記載されていても，建築士資格を保有している保証はなく，この点も注意が必要である．

なお，ゼネコンが設計者となる場合もある．ゼネコンの多くは設計部門や一級建築士事務所を具備していることが多く，設計業務も受託できる機能を備えている．ただし，ゼネコンが設計業務だけを受けることは原則としてはなく，通常は設計と施工を一貫して請け負う場合に設計者となる．

(3) 施工者

建物の施工（工事）を行う立場にある者を"施工者"という．建築工事は請負契約によって行われるため，"請負者"，"請負人"，"請負業者"等，さまざまな呼び方がある．民法上では"請負人"となるが，最近では請負人の"負"という漢字が立場の優劣を想起させかねないという理由で，契約書上でも"受注者"という言葉を使う傾向にある．

建設を事業として行う法人・個人を"建設会社"又は"建設業者"と呼ぶ．一定の条件に合致する工事を行うには，建設業法による許認可が必要となる．なお，法人ではなく個人が多く存在するというのも建設業界の特徴であろう．

ちなみにゼネコンという用語は，英語の general contractor の略称である．各種土木・建築工事を一式で発注者から直接請け負い，工事全体を取りまとめる建設業者を指す．日本語では総合建設業に該当する．

以上の説明をまとめると，表2.2のようになる．

表2.2 施主・設計者・施工者を表す用語及びその関係性

事業における立場を表す言葉	施主 建築主 事業主	設計者	施工者
契約上の立場を表す言葉	委託者 注文者 発注者	受託者	請負人 受注者
業態を表す言葉		設計事務所 建築家 ゼネコン（設計部門）	建設会社 建設業者 ゼネコン
資格や許認可を表す言葉		一級建築士 一級建築士事務所	建設業

2.2.3 建築の設計・施工には"分離方式"と"一貫方式"がある

建物の設計・施工には設計者，施工者をそれぞれ別会社が担当するケースと，設計者・施工者の両方を同じ会社が担当するケースがある．このうち，それぞれ別会社で設計・施工を行う建築方式を"設計施工分離方式"（以下，分離方式）といい，逆に同じ会社で設計・施工を行う建築方式を"設計施工一貫方式"（以下，一貫方式）ということにする．

なお筆者は，初めて工場や倉庫，事務所ビルなど"使うための建物"を建てようとする施主に対しては，"プロポーザル方式による設計・施工"での建設発注が最も望ましく，建築方法についても一貫方式を推奨する立場を取っているが，この点については後ほど詳述する．

2.2.4 建築に関する契約

施主が設計を依頼する場合，設計者との間で設計業務委託契約を締結する．一方，施主が施工を依頼する場合には，施工者との間で工事請負契約を締結することになる．

ここで注目したいのは，契約形態の違いである．まず委任契約・請負契約それぞれの一般的な定義を確認しておく．

委任契約とは，一定の法律行為の遂行を目的とした契約のことである．

請負契約とは，仕事の完成を目的とした契約のことである．

そして，法律行為以外における委任契約が"準委任契約"となる．法律行為以外の内容に関して，受託者の判断を信頼し依頼する契約である．少しわかりにくいため，例を挙げて説明しよう．

患者が医師に診察を受ける際，患者の目的は病気を治すことだが，たとえその場で完治していなくとも，診察や治療に対して医師に報酬を支払う．これは医師という専門家の技量を信用し，その行為（つまり法律行為ではない診療行為）に報酬を支払っているのである．これが準委任契約である．

準委任契約は，請負契約のような"仕事の成果"を重視しない点もポイントである．通常，準委任契約とされる設計業務委託契約では設計図が，工事請負契約では施工した建物等が成果物であり，いずれもその成果に対して責任を負う立場にある．しかしながら，準委任契約に基づく設計者の設計図に対する責任は"専門家としての高度な注意義務"の範囲内にとどまる．つまり，注意さえ払っていれば，成果品である設計図に問題があったとしても，ただちに責任を負う必要はない．

ところが工事請負契約となれば話は別である．施工者は，先のような注意義務がどうかにかかわらず，成果品に問題があればただちに責任を負う必要が生じる．契約に基づいてきちんと建物を建てても，万一その建物に雨漏れが起これば，施工者による過失の有無にかかわらず無償で雨漏れを修繕しなければならない．これは無過失責任といわれる．

そもそも，"専門家としての高度な注意義務を払っていれば，欠陥のある成果物などできるはずがない"という考え方もあろう．しかし，この注意義務自体に基準がなく，極めてあいまいなのである．近年増えている医療過誤に関する裁判等がそれを物語っている．

準委託契約と請負契約の違い——無過失責任の有無については，大きな違いがあると言わざるを得ないのが現状であり問題点でもある．仮に設計図が起因して建築工事全体に関わる問題となった場合，裁判で争ったとしても，"専門家としての高度な注意義務を払っていた"と設

計者が主張すれば，それ以上の責任追求ができない可能性がある．施主にとってのリスクは，工事請負契約よりもはるかに高くなっている．

2.2.5 設計契約は請負なのか準委任なのか

設計業務が一般的に準委任契約とされるのは次の理由による．

"設計というのは，固有の条件に応じてその都度ベストと思われる選択を行い，最終的に施主の納得する形にまとめ上げる行為である．つくるものは，はじめの契約の時点では実は決まっておらず，プロである設計者が施主の要望を引き出しつつ一緒に決めていくものである．よって，その報酬は最終の成果ではなく，設計者としての行為に対して支払われるべきである．"

ところが最近になって，"設計契約も請負契約である"との判決が下され，設計者の設計図に対する責任の捉え方にも変化が生じつつある．このとき（2009 年）の判決に関する専門誌の記述を次に引用する．

"一般に設計契約は請負契約"とする高裁判決が 9 月に確定し，建築設計界の一部に波紋を広げている．判決は，"予算を大幅に超過するような設計は認められない"として，"建築家"の仕事の進め方そのものを問いただしている．

"この判決が建築設計界に与える影響は，決して小さくないのではないか"．日本建築家協会（JIA）前会長である仙田満氏は，こう懸念する．

"この判決"とは，"一般に建築設計契約は，設計図書の作成及び引き渡しを目的とする請負契約と解される"という判断を示した，2009 年 4 月 23 日の東京高裁判決だ．その後，最高裁に上告されたが，9 月 3 日，却下されて判決は確定した．仙田氏は"もし設計契約が請負契約と判断されることが一般的になれば，設計業務が途中で頓挫したとき，それまでの経費を回収できない状況が起き得る"と指摘する．

裁判の経緯は次の通りだ．

設計事務所のオーガニックテーブル（代表：善養寺幸子氏，以下，オーガニック）に，建て主 A 氏が住宅の設計を依頼．2005 年 12 月 17 日に建築設計業務委託契約を締結した．契約時にオーガニックは，予定工事額を 4 500 万円と提示した．

ところが，実施設計に基づいて工務店 2 社の見積もった工事額が，予定工事額からかけ離れていた．見積額は 7 717 万 1 130 円と 7 780 万 5 000 円．どちらも 170% 以上に上った．

建て主は"設計契約は請負契約"と主張し，債務不履行を理由に契約を解除．実施設計までに支払った報酬に相当する約 385 万円について損害賠償を求めて提訴した．これに対し，オーガニックは反訴して，報酬残金に当たる約 130 万円の支払いを請求した．

一審の東京地裁は 2008 年 10 月 31 日，建て主の要求通り，オーガニック側に約 385 万円の支払いを命じる判決を下した．オーガニックは控訴したが，東京高裁は 2009 年 4 月 23 日，これを棄却した．"設計契約は請負契約"との判断は，高裁がこのときの判決文に明記したものだ．

(TOPICS 裁判『"設計は請負"判決の波紋』，日経 BP 社・日経アーキテクチュア，2009 年 10 月 26 日号より）

この裁判では，設計者が施主に対して，事前に示した予定工事額 4 500 万円を実現できな

かったのは，請負契約上の債務不履行にあたるとしたものだ．
　この考え方が一般的に浸透すれば，本書が論点として挙げた多くの点が杞憂に終わる．しかし，このような裁判があること自体が，この契約形態による問題の多さを物語っている．今後も同様の裁判が増加する可能性は高く，裁判の動向を注視する必要がある．

2.3　食品工場の建設・改修におけるパートナー選びについて

2.3.1　食品工場の設計や施工を担う者は"戦略パートナー"

　以上の議論をふまえ，食品工場を建てる当事者たる施主がとるべき選択について提言する．
　食品メーカーの社長から"建物はただの箱であり，生産機械こそが大事だ"という意見をたまに聞く．その意見では建物は安ければ安いほうがよいということになるのであろう．果たしてそうだろうか．
　建物を建てるということは，何かしらの課題を解決する手段でもある．まして食品工場などの生産施設はその最たるものであろう．そしてその依頼を受けるということは，施主が建物に求める要望をかなえるだけでなく，背景にある事業上の課題を解決するレベルにまで昇華させることが理想でもある．
　建設プロジェクトは，決して小さな投資ではない．それゆえ，建物の設計や施工を安易に建築の専門家，いわゆる建築屋に任せておけばいいというものではない．施主側の事業課題を真剣に考え，竣工後も共有できる相手に設計や施工を依頼するという視点こそ，建てた建物の価値を最大限に発揮する必要要件ではないか．それはもはや戦略パートナーともいうべき存在を選ぶ行為といってもよい．
　施主が，安易に設計者を選んで図面を描いてもらうということはよくある．なぜなら，図面がなければ建設に向けた話が進まないからだ．そしてそのままの流れで，安易に選ばれた設計者が実際の設計者となることが実に多い．
　建築に限らず，モノづくりにおいて一番大事なのは設計である．しかも，建築物を完成させるには莫大な資金が必要だ．それにもかかわらず，建築の世界ではあまりにも安易に設計者が選定されているという事実には疑問を感じざるを得ない．
　対して，（安易に設計者が選ばれるにもかかわらず）施主が慎重に選定するのが施工者である．設計者が描いた図面をもとに複数のゼネコンから見積りをとり金額が比較検討される．単に，合計金額が一番安いゼネコンと契約すればまだしも，更に見積内容を比較検討したり，減額案（"VE案"などと呼ばれる．）を募ったり，場合によっては一番安い金額を提示したゼネコンに更なる値引き交渉を行ったりするケースさえある．
　施主はなぜ，このような行動を取るのであろうか．それは，施主からみた設計／施工の感覚の違いにある．そもそも設計は，施主の希望をもとに作図していくから，設計者によって大差があるとは考えにくいものである．また，図面の善し悪しもそのような経験が豊富でない限り，施主にはなかなか容易に判別できない．
　しかし施工者といえば，提示する見積金額が会社ごとに違い，金額もバラつきが生じる．比較するのも金額という数字だから，誰が見ても高低が判別できる．こうしたこともあって，"良い建物を建てる"ということよりも，"いかに安く建てるか"という点ばかりに関心を持ってしまい，パートナー選びを誤ってしまう．

我が国における民間建設プロジェクトの進め方は，官庁工事の影響を大きく受けているように思われる．官庁工事は原則として，入札によって業者を決定する．それは"税金の無駄遣いは許されない"という基本的な考えによるものであり，より安く建物をつくることが求められるからである．また金額にも増して，プロセスの透明性というものが重要視される．

これまで国や地方自治体が行ってきた数々の建設投資では，近年はさまざまな手法が導入され，かつてのような画一的なプロセスは見直されつつあるものの，それまでは民間から広く提案を受けるという姿勢がなく，決められた手続きを経て担当者が考えたハコモノ計画に従い，所定のルールに沿って1円でも安い業者を選ぶという考え方が中心を占めている．

そこには，どうすれば良い建物が建つのか，またそのために民間から広く周知を集めようという発想はない．本来，建築においては"透明性の高い購買"と"良い買い物"はまったく別物なのである．

2.3.2　"建物を建てる"＝お金と価値との交換

いうまでもなく，買い物とはお金とモノを交換することである．私たちが食料品や日用雑貨を買うという行為は，その商品から得られるメリット，すなわち価値を認めて，対価を支払うというプロセスにほかならない．例に挙げた食料品や日用雑貨は比較的安価な商品だが，高級家電や自動車など高額商品も同様のプロセスであり，いずれも"お金と価値を交換している"ことに変わりはない．

買った商品にどれだけの価値があるかは，買ってから一定の期間だけ使ってみてはじめてわかる．また，その価値がわかる期間，商品に感じる価値も個人差があり，テレビCMなど有名人が売るということでもその価値が変わってくる．しかし，それでも私たちが物を購入するのは，その商品の価値を事前に想像できるからである．

一般的には，家電製品であれ自動車であれ，買う前に価値を想像できる前提情報というものは，人によってそれほどの差がない．買う物の現物を確認することができ，場合によっては試しに使ってみることもできるからである．

建物を建てるという行為も，広い意味ではこうした買い物と同じである．法律的に建築工事は，売買契約ではなく請負契約に分類されるが，お金と価値との交換という点は同じである．ところが実際は，建物を建てることで，どのような価値が得られるかを想像しにくいという問題がある．

自動車なら，あらゆる角度から車体を撮影した写真や機能を載せたカタログが用意されている．また，店へ行けば試乗することもできるだろう．しかし，建物はどうか．図面や完成予想図によっておおよそのイメージがつくが，完成品そのものを先に確認することはできない．だから，施主にとっては金額が妥当かどうかを判断することが難しく，更には前述の官庁工事のイメージも手伝って，金額だけを気にして，比較してしまうのである．

お金を払う前に，得ようとしている価値が想像しにくい——これが建物を建てるという行為の特徴であり，価値に対する期待値のギャップからトラブルが発生する原因でもある．建物を建てる際のパートナー選びとは，髪をカットするときの美容院選びに似ている．店に入って，実際に髪を切ってもらわない限り，店あるいは美容師の力量はわからない．"どのような髪形にしたいか"というイメージを客と美容師がきちんと共有できているか，美容師自身がそのイメージを再現できるスキルがあるか，ということは髪を切ってからでないとわからないのであ

る．

　そういった現実はありながら，金額（料金）だけで美容院を選ぶという人は少ない．建物を建てるパートナー選びとは，やり直しのきかない美容院選びと同じなのである．

2.3.3　目的－設計－施工の一貫性を通す

　食品工場を新設もしくは改修する際に最も重要なことは，その目的を明確にし，戦略パートナーと共有することである．建物に求められる直接的要件のみを伝えることは危険だといわざるを得ない．

　食品工場に限ったことではないが，使うための建物を建てる際には必ずその目的がある．目的をかなえるために必要なことを設計に盛り込み，それを施工によって具現化していくわけだが，目的の翻訳あるいは伝言ゲームともいうべき各ステップによって，施主の目的から乖離した建物になっていくことがありうるのである．

　事例をあげよう．マヨネーズを使用する惣菜工場の改修における工場内の床材や壁材の選定についてである．当初施主からはどのくらいの頻度でお湯を使ってすすぐのかなど清掃方法のみがアウトプットされていた．つまり床材の選定に際しては何度（℃）くらいのお湯でも耐えられるような仕様にしてほしいという要望だけであった．しかしながら念のため，従業員がどのような性能の機械をどのように操作し投入し調理するかと一連の工程も併せて既存工場の現地調査を行った．

　現地調査の結果，仕様選定の重要なポイントが見えてきた．マヨネーズを投入するという過程でマヨネーズを床にこぼすということが結構あるらしいのである．油分を含むマヨネーズを適切に清掃できる仕様の床材でないと油分が取れず滑りやすくなったり，残った油分が腐敗し床材が酸化したり，劣化を促進させる原因となる．さらにマヨネーズは酢酸も含むため，壁材や建具の仕様には耐酸の性能が求められる．

　もし設計する者が，施主から伝えられた温度条件だけをもとに塗り床の工法や材料を選定し施工者に伝えていたとしよう．コスト削減のために温度条件だけを満たす最も低価格な塗床が選定されることになりかねない．もはや施主の目的から離れた建物が生まれていくのである．

　よって，施主はアウトプットする段階でパートナーに必要な情報であるか否かを勝手に判断せず，一連の製造工程をパートナーと共有して一緒に考えるとより目的に沿った使える建物を手に入れることができる．

2.3.4　食品工場にこそ求められるジャストスペックの考え方

　食品工場が他の工場と比べて異なる点は何であろうか．多くの人は衛生面だと答えるだろうし，それは確かに正しい．しかし最大の特徴はおそらくその多様性である．製品や製造の方法によって工場という建物に求められるニーズやクライテリアが全く変わるのである．

　同じ食品でも，インライン化が進んでいる工場とそうでない工場とでは工場建築に求められる要件は異なる．同じ飲料系でも酒とミネラルウオーターでは生産環境に本来必要な衛生度は変わる．

　このようにあらゆる食品工場に求められるスペックは同じではないのである．この点は極めて重要である．食品工場というと一律にHACCPやISO 22000あるいはFSSC 22000を取得すべきだという発想になりがちで，コンサルタントやゼネコンもそのようなスタンスで食品

メーカーに提案することも多いが，それが必ずしも施主にとって有用な提案だとは言えない．
以下に食品工場におけるスペック設定に関する事例をあげる．

【事例】惣菜工場の温度管理

例えば，惣菜を作る食品工場を建設する際，施主からは単に"この部屋は○○℃にしたい"という表面上の情報だけではなく，取り扱う原材料は何であり，その原材料の特性としてどのような条件がそろうと惣菜は劣化するのかという情報を戦略パートナーへアウトプットするよう心掛けるべきである．

この場合は，当初室内の温度管理についてピンポイントで5℃にしてほしいとの要望があった．ところが製造工程を詳しくヒアリングし，その会社の品質管理方針と照らし合わせて改めて検討すると，10℃以下に管理できればよいとの結論に至った．この場合，設定する温度によって空調設備が異なるため，一歩掘り下げた情報共有をしていなければ，必要以上にハイスペックかつハイコストな仕様選定になっていたことになる．

【事例】飲料工場の歩廊の床仕様

飲料工場の貯蔵用タンク廻りに設けたメンテナンス用歩廊の取替工事の例を挙げる．タンク廻りに何層にも設けられている既存の歩廊はすべてグレーチング（耐荷重1 200 kgf/㎡）であり，タンクの交換に伴い歩廊も現状と同様の仕様で入れ替えるということが当初の施主要望であった．ところが工事金額が予算内におさまらない．そこで，既存の歩廊の利用状況を詳しくヒアリングし，耐荷重の再検討及び再設定を行った．すると，大半の歩廊は作業員が通行するのみで，メンテナンス作業によってそれ以上に大きな荷重がかかる場所は限定されていることがわかった．その結果，メンテナンス作業をする場所のみグレーチング（耐荷重1 200 kgf/㎡）とし，大半はパワーフロア（耐荷重400 kgf/㎡）に仕様を変更することで，大幅な減額が可能となった．"とりあえず全面見込んでおいて"では，過剰スペックになる事例である．

【事例】製菓工場の照度設定

ある製菓工場の包装前の検品作業を行う室で，施主から最低でも1 000ルクスの照度を確保して欲しいと言われた．これを素直に聞いて当該居室の照明を計画するとおびただしい数の照明器具になる．そこで，ラインのレイアウト，検品作業のエリア，作業員の配置，作業姿勢などを詳しくヒアリングすると，タスクアンビエント照明で対応できると判断できた．タスクアンビエント照明とは，室全体の照度を高めるのではなく，室全体は最低限の明るさを確保するのみとし，作業に必要な場所にタスク照明を配置する手法である．適材適所の照明配置になったのでイニシャルコストを削減できたことはもちろん，ランニングコストの削減にもつながった．

なお，空調計画においても同様の考え方でスポットクーラーを用いて合理化を図ることができる．

3. 設計・施工業者（パートナー）の選定

本章では，前章での議論をふまえ，FSSC 22000対応工場などの設計施工を担当する業者"戦略パートナー"を選定する具体的手順について解説する．

3.1 設計施工分離方式か，一貫方式か

前章でも述べた通り，建築の設計・施工においては，設計者，施工者をそれぞれ別会社が担当する"設計施工分離方式"と，設計者・施工者の両方を同じ会社が担当する"設計施工一貫方式"とがある．

筆者は，初めてあるいはしばらくぶりに食品工場を建てる企業にとっては，複数の会社から提案を募り選定するプロポーザル方式を採用した設計施工一貫方式での建設発注が最も望ましいという立場をとっている．そこでまず分離方式のデメリット，そして一貫方式のメリットについて，ポイントごとに考える．

3.1.1 一貫方式のメリット，分離方式のデメリット

実際にはそれぞれに長短が相半ばするものの，ここでの主張をわかりやすく説明するために，設計施工一貫方式のメリット，そして分離方式のデメリットといえるポイントをいくつか挙げてみる．

(1) 施主の責任負担

最も大きなものは，設計契約が準委任契約とされることによる施主の責任である．設計者は，専門家としての高度な注意義務を果たしていれば，結果への直接的責任は負わない．裏返せば，結果に対する最終的な責任は施主が負うということになる．前述の予算オーバー問題などは，まさに設計契約が工事費に対して，基本的に責任を負わないとされてきたことによるものである．

(2) 設計費

設計事務所は，業として設計業務を受託する．当然，ビジネスとして，経費や利益も設計報酬という売上げから捻出する必要がある．一方でゼネコンは，設計業務をあくまで工事請負のためのプロセスだと位置付けており，設計報酬で儲けようという考えがない．したがって，設計事務所による設計報酬は，比較的高額になりやすい傾向がある．

設計施工分離方式の場合，設計報酬を算出する目安としては"工事費の〇%"という相場が存在している．一般的には，工事費の5〜8%程度であろうか．これが10%以上，あるいは3%でも受注するという設計事務所もある．

建築設計は本来，極めて高度な知的労働である．我が国の設計報酬の相場は安すぎるといえ

よう．設計事務所が業として設計を受け，責任ある仕事をしようと思えば，最低限でも工事の10%は必要であろう．

一方，ゼネコンが設計施工で請け負う場合は，設計費に経費や利益を加算しない場合が多く，結果として工事費の3～5%くらいにとどまる．したがって一貫方式は，設計費が安価で済む傾向があるといえる．

(3) "作品"

多くの建築家や設計事務所，あるいは一部のゼネコンは，自ら手がけた建築実績のことを"作品"と称することがある．それは，画家が描いた絵，彫刻家が作成した造形物などが作品と呼ばれるような感覚に近いものがある．

食品工場のような機能性の建物は，一から十まで施主のものであり，施主が主役でなくてはならない．もちろん作品と称している設計事務所やゼネコンが，施主をないがしろにしているということではない．しかし，作品という言葉からは，施主ではなく作家こそが主役であり，スポンサーがお金を出し，芸術家が作品を世に送り出すといった構図を想起させる．

もちろん，優れた建築物は芸術作品といえる．"芸術作品としての建築"を強く求める施主もいるのは事実である．経済的に余裕がある企業や資産家が，美術館やゲストハウスなどを建てる際，インパクトがあり芸術的なデザインを求める例は多くある．

もとより，これらの考え方は否定されるべきものではない．しかし，先の例でいえば，芸術作品というのはほんの一例であろう．多くの施主が欲する建物，特に本書が主として想定している食品工場にはあまり必要のない，むしろ有害な発想である．

デザイン性が全く不要な建物は存在しないし，建築の芸術性を否定するものでもない．優れた建築物には芸術性があり，これを創り出せるのは建築家である．しかし，建築に対する考え方の軸足がどこに置かれているかということは，極めて重要なテーマではないかと考える．

提供する建物を作品と呼ぶこと自体に問題があるわけではない．その背景にある理念が問われるのである．昔から，施主が望んでいないデザインによって建物としての使い勝手が損なわれたり，必要以上のコストが発生したりという例は，枚挙に暇がない．

建築家の安藤忠雄が，その出世作である『住吉の長屋』の設計において施主に対し言ったとされる

"住まうとは，時に厳しいものだ．私に設計を頼んだ以上，あなたも闘って住みこなす覚悟をしてほしい"［安藤忠雄（2008）：建築家 安藤忠雄，新潮社］

という言葉はあまりにも有名だ．施主が納得すれば，それでよいかもしれない．しかし多くの施主は，納得せぬままこのような覚悟を強いられることになっているのではないか．

これは，分離方式と一貫方式との本質的な違いというわけではないが，分離方式における設計者のほうが作品と呼ぶ傾向にあることは確かである．施主が主役の，施主が使うための建物を建てようとしている相手をパートナーとして選びたい．

(4) あいまいな"設計責任"と"施工責任"

設計が準委任契約であるという点における施主のリスクと類似しているが，これとは別に"設計責任"と"施工責任"の狭間における問題がある．

例えば，成果物の瑕疵に対する責任である．分離方式で設計契約に用いられる約款として"四会連合協定 建築設計・監理業務委託契約約款"というものがある．この約款（平成25年2月1日改正版）の第23条第1項に成果物の瑕疵に対する設計者の責任について記述されて

いる．

　　"甲は，成果物の交付を受けたのちにその成果物にかしが発見された場合，乙に対して，
　　追完及び損害の賠償を請求することができる．ただし，損害賠償の請求については，その
　　かしが乙の責めに帰すことができない事由に基づくものであることを乙が証明したときは，
　　この限りでない．"

　甲は施主，乙は設計者，成果品とは設計図などを指す．かし（瑕疵）とは欠陥のこと．一読すると至極当たり前のことが書かれているように思える．しかし，これは請負契約における瑕疵に関する責任とは似て非なるものである．

　この条項の後段部分を注視してみる．成果物に瑕疵があっても設計者に過失がなければその責任を負わないということが記されている．設計者に過失がない限り，成果物の瑕疵に対する責任は施主に帰属することになるということである．

　一方，一般的な工事請負契約において，瑕疵に対する責任は無過失責任である．請負人には過失がなくても，瑕疵に対する責任がある．設計施工一貫契約における成果物はあくまで建物であり，設計図はあくまでそのプロセスに過ぎない．設計図に存在する瑕疵に関して，議論に上がる余地はない．

　分離方式における設計図の瑕疵は，設計者に過失がなければその責任は施主が負う．隠れた瑕疵が存在する設計図によって建てられた建物に発生した欠陥に対して，施主が責任を負わなければならないことがあり得るのである．

　具体例で考えてみる．前述のように設計施工分離方式で建てられた建物に，竣工してから雨漏れが発生したとする．施工者は請負契約を締結しているために，プロセスがどうであろうと成果品に責任を持たなくてはならない．契約では雨漏れしない建物が要求されているため，雨漏れという結果に対して責任が発生する．雨漏れするような建物の欠陥を瑕疵と呼び，これに対する責任のことを瑕疵担保責任という．

　もしここで，設計者は施工不良が原因であるといい，施工者は設計図通り施工したのであるから設計に問題があると主張したとしよう．これだけであれば，まだ施工者側に責任がないとはいえない．しかし施工者が当該部位の施工前に"この設計図通りに施工すると雨漏れが生じかねない．別の方法に変更すべきである"と提案したにもかかわらず，設計者が設計図通りの施工を指示したとすれば話は別だ．

　"雨漏れの恐れがあるから設計を変更すべきだ"との提案が却下されることなどありえない．そう思われる方も多いだろう．しかし，事はそう単純ではない．前述の通り，多くの設計者は建築を作品だと考えている．作品である以上，独自性が重要である．そして，どのようにデザイン性を高めるかを考えている．このデザイン性と機能性は得てして対立するものである．雨仕舞という機能を確保するために，無難で月並みなデザインになってしまうのであれば，これは作家として受け入れられないことなのである．

　ここで，施工者は設計図通り作りさえすればいいのではないか，設計図に雨漏れの恐れがあることの指摘さえ不要なのではないのか，という疑問が生じる．しかし，一般的な工事請負契約においては，"受注者は，図面・仕様書又は監理者の指示によって施工することが適当でないと認めたときには，ただちに書面をもって監理者に通知する"という条件が付けられているのである．ここでいう受注者とは施工者のことを指す．また設計者が監理者を兼ねることが多いことは既に述べたとおりである．

工事請負契約は，契約金額の巨大さや内容の複雑性に対して，契約書が簡素であいまいだとよく指摘される．"鑑"といわれる見開き2ページの書面に，設計図書や見積明細書といった目的物に関する情報及び共通の約款が添付される．この共通の約款としてよく用いられるのが，民間（旧四会）連合協定工事請負契約約款である．

約款（平成23年5月改正版）の第16条第2項として前述の条項が設けられている．施工者が設計図や設計者の指示に疑義を抱くなど，そのまま工事をするのが適当でないと判断したときは，施工者はそのことを直ちに設計者に通知しなければならない．

ここで問題となるのが，条文にある"書面をもって"通知するというものである．ここで述べている雨漏れが発生して，設計者と施工者で言い分が異なる場合，結果として施工者がその負担で雨漏れを直すことが多くある．施工中に施工者から設計者に対して設計変更を申し入れたとしても，その記録がないことが多いからである．書面をもって通知していないため，施工者の瑕疵担保責任は免責されない．

あくまで施主のため，良い建物をつくるという目的がある以上は，施工中のやりとりに関する記録を極力すべて残すということは不可欠である．また，いわゆる"言った，言わない"というトラブルを防ぐためにも，重要な連絡は書面によるものが好ましいことはいうまでもない．とはいえ設計者と施工者は対峙すべき関係ではなく，円滑な工事進行のため信頼関係を構築して互いに協力しなければならない．書面をもって通知するという形式的な行為が，円満な関係にマイナスに働くとの認識もあって，得てして口頭で済ますという対応になりやすいということも無視できない現実である．

このように，設計者と施工者の責任分担は必ずしも明確でないことが多くある．そもそも設計契約が準委任契約なので，負担に応じる必要があるのかどうかという問題もある．

仮に，設計者の責任であると認められる場合は，どうなるのであろうか．実際には，設計者が負担を受け入れることもある．しかし，そもそも設計事務所というものは組織事務所でない限り，小規模もしくは個人事業主であることが多く，負担能力という意味で限界が生じやすい．補修もしくは賠償に伴う金額が大きければ，物理的に負担できないということになる．

以上の議論は，極端な例と感じられるかもしれない．そもそも，設計者と施工者が連携して建物をつくれば，このような欠陥は発生しない．もし仮に発生したとしても，いずれかが誠実に対応すれば，大きな問題へと発展するということもないだろう．しかし，理屈上このようなリスクを内在しているということは認識しておくことが重要である．

繰り返しになるが，一貫契約における成果物はあくまで建物であり，設計図はあくまでそのプロセスに過ぎない．家電製品でも自動車でも設計図はプロセスに過ぎないということと同じである．一般的なユーザーにとっていずれが馴染み深いアプローチであるかいうまでもない．

(5) 設計事務所には，建築に関する知見が集まりにくい

雨漏れが発生したら施主が電話するのはほとんどの場合施工者に対してである．そして現場にかけつけるのも施工者の社員だ．したがって結果として雨漏れという現象に対する知見はゼネコンに集まりやすいことは否定できない事実である．

雨漏れの補修も施工者がその負担で行うことが多いと述べた．いきおい，雨漏れという事象，発生のメカニズム，原因の特定，対策の検討，対策後の経過観察など，雨漏れに関する知見は経験値としてゼネコンに集積されていく．

設計事務所でも組織形態で運営していれば，施主もしくはゼネコンから積極的に情報を集め，

知見の集積に努めていることもある．しかし，個人レベルの設計者だと，こうした取組みは困難である．ひどいケースだと雨仕舞についてはそもそもゼネコンが考えることだという設計者もいるくらいである．

(6) スケジュール

食品工場などのような事業の用に供する建物の建設の際にはスケジュールも大変な論点となる．安くつくることも大事だが，スケジュールを守ることはもとより，できれば1日でも早く完成することが求められる．

分離方式に比べて一貫方式は，全体スケジュールが短縮されることは容易に想像できよう．設計者が完成させた設計図を見積りして最安値でも予算に収まらないと，施工者から減額案などを募ったりして，設計図を修正する作業に時間が費やされる．

施工者が決定しても，すぐに工事が始まるわけではない．工事用機械や材料の手配が必要だからである．通常，工程の冒頭にあたる杭工事の材料などは発注から納品まで数か月かかることもあり，その間は工事に着手できない．また，鉄骨の設計などにおいても，市場における最新の流通事情などを考慮しながら最も適した部材の仕様を選ぶことができる．

この点，設計施工であればゼネコンによる設計作業の間に施主の承諾を経て，必要な材料などの手配を行うことができ，切れ目なく作業が進行できる．

結論として，設計の着手から建物の完成までの時間は一貫方式のほうが短く済む．

(7) 工事費に対する責任

そして設計施工分離の一番の問題点は，やはり工事費に対する責任の問題である．

設計事務所は，工事を請け負うわけではないため，自らの責任で工事費の見積りを完結できない．多くの設計事務所は，工事費は施工者が解決すべき問題だと考えている．

昨今は，官庁工事においても設計施工一貫方式（デザインビルド方式などを呼ばれる．）の導入が徐々に進んでいるが，その一番の目的はこのような工事費の問題であろう．

表3.1に設計施工分離方式と一貫方式の比較を示す．

表3.1 設計施工分離方式と一貫方式の比較

	設計施工分離	設計施工一貫
施主の責任負担リスク	△（大）	○（小）
ダブルチェック	○	△
価格入札のしやすさ	○	△
設計費	○（大）	△（小）
デザイン・芸術性	○	△
作品としての主役	△（設計者になりがち）	○（施主）
アフター対応	△	○
トータル工期	△（長い）	○（短い）
予算管理	△（困難）	○（容易）

3.1.2 フルターンキーからCMまで

ここで，フルターンキーやコンストラクション・マネジメント（CM）方式についても触れておく．この議論によって，設計施工分離方式と設計施工一貫方式それぞれの特徴がより明確になると考えられる．

工場建設などにおいては，建築を設計施工分離とするか一貫とするかという問題を越えて，更に大きな選択肢がある．生産を完全に手作業で行う工場なら別だが，何らかの生産機械を用いる工場の建設においては，建物の建築のみならず，生産機械やそれらへの動力源・熱源を供給する，あるいは排水を処理する配管類を設置する必要が生じる．これら設計や施工は通常，専門の機械メーカーが行うが，これら生産機械の設計施工，そして建物の建築までをまとめて請け負う方法があり，これをフルターンキー方式という．工場の新設を一手に任せ，施主は鍵を受け取るだけで"鍵を回せばたちまち生産が始められる"という意味合いがある．

一方で，フルターンキー方式や設計施工一貫方式の対極にある方法もある．それがコンストラクション・マネジメント方式である．設計と施工を分離することはもとより，通常ゼネコンの下請として工事を担っている専門工事業者までもが，施主と直接請負契約を締結するというものだ．これは工事費用の中身について透明性を高めるのが目的であり，ゼネコンが提示する工事見積書の内訳が不透明で，相互不信やトラブルの原因になるという考えによるものである．ほかにも，CM方式を採用するほうが工事費をコストダウンできるという意見もある．

これら二つの方式は，中身も考え方も対極に位置している．前者は，中身の透明性が低いが，すべてを任せられるという安心感を得ることができる．後者は，透明性は確保されるが，それぞれ個別契約の狭間や相互間に生じ得る抜け落ち，ギャップに対する責任を施主が一手に負うというリスクがあり回避しにくい．

以上の議論を含めて，これらの方式の比較を表3.2に示す．

表3.2 フルターンキー，設計施工一貫，設計施工分離，CM方式の比較

	フルターンキー	設計施工一貫（建築関連以外の設備は分離発注）	設計施工分離	CM
コスト	大	中	中	一概に言えない
透明性	低	低	中	高
施主の負担やリスク	小	中	やや大	大

3.1.3　日本の文化に馴染むのは"設計施工一貫方式"

国内マーケットの縮小を受けて，我が国のゼネコンが海外の工事を受注しにいくケースが増えている．そして，さまざまなトラブルに巻き込まれている．その一番の原因は契約にあるといわれている．

契約社会といわれる米国等に比べ，我が国は契約があいまい，もしくは口頭によるやり取りによって物事が進められるとよく指摘される．社会においてグローバル化が進む一方，現段階においては，こうした商習慣を当事者だけが努力するにとどまり，慣習自体を変えられるはずがない．

契約があいまいなこと自体を悪いと言い続けても，問題は解決しない．あいまいな契約の中で円滑な取引が成り立っているのであれば，そのことだけを必要以上に問題視することは実務上建設的な議論とはいえないであろう．あいまいな契約を前提としているからこそ，すべてを任せられる相手を慎重に選ぶことが大事ではないか．

3.1.4 オーダーメイドか規格品か

食品工場などを建てる際に，別の観点において次のような選択肢がある．それはオーダーメイドか規格品かという違いである．おおよそ次のように定義できる．

オーダーメイド：施主の要望にできるだけ従ってつくられること．他に二つとして同じ建物はないことになる．

規　格　品：プランニング，構造，仕様などにおいて標準化された規格設計に基づく建物．土地は違っても似たような建物ができあがる．ほぼ設計施工一貫方式に限定される．

規格品は，ムダのない合理的な設計で，設計や施工のプロセスが省力化されているため，コストは安定的で比較的低く抑えられるということがほとんどである．対してオーダーメイドは，完全に施主の要望を受け入れ，この世に二つとない建物をつくるためコストにばらつきが生じる．ただし，規格品の価格が安いという保証はない．規格品の営業を得意とする大手ハウスメーカーは，経費や利益率を高めに設定しているため，見積金額がオーダーメイドと大差がないこともよく見受けられる．

規格品は，数多くの事例から得られた知見が集約された商品設計であり，品質や使い勝手が安定しているといえる．また，工期も短く，設計の打合せも短時間で終わる．

一方でオーダーメイドは，設計に要する時間が格段に長く，施主との打合せ回数も多くなる．しかしながら，これこそがオーダーメイドの特徴であり，メリットであるといえる．

社運を懸け，30年ぶりに工場を新設する一大プロジェクトならば，やはりこの世で一つしかない，他社にとって使いにくくても自社にはベストフィットする建物を建てたいものである．このような建物づくりは，オーダーメイドでしか実現しない．

3.2　使える食品工場を建てるための戦略パートナー選び

繰り返しになるが，食品工場を新設もしくは改修する際に最も重要なことは，その目的を明確にし，戦略パートナーと共有することである．

施主の実現したい目的は，設計という翻訳作業を通じて施工現場に伝達され，建物という成果品となって具現化される．この一連のプロセスに一貫性を持たせることが最も重要である．そのためには設計施工一貫方式とすることが望ましい．言い換えれば，設計施工分離方式とする場合にはこの点はなおさら重視すべきことといえる．つきあい上，近隣や昔から取引のある地元工務店を建設プロセスに参画させたい場合がある．当然，設計する能力はない会社という前提である．そのようなときは逆に設計施工分離方式とせざるを得ないだろう．いずれにしても戦略パートナーの選定プロセスが重要である．

3.2.1　複数候補から選定する"プロポーザルコンペ"

設計者の候補となるべき対象は設計事務所やゼネコンなどが考えられるが，こうした複数の候補によってプロポーザル方式によるコンペを行うことが効果的である．

プロポーザル方式とは，proposal（企画・目的）という意味の通り，複数の候補が目的物（ここでは建物）に対する企画を提案し，優れた提案をした候補を選定するというものである．

ここで重要なことは，選定すべきは"提案"ではなく，"提案した候補"を選ぶということ．提案はもとより，建設プロジェクトのパートナーとして最も期待値が高い相手を選定するべきである．なぜなら，コンペ時点では提案であり，必ずしも提案と同一の建物が建つというわけではないからである．

こうしたコンペのうち，設計事務所とゼネコンが共に参加するものを"複合コンペ方式"と呼ぶことにする．これでゼネコンが選定された場合，ゼネコンは設計業務だけを受けることは基本的にないから，施主は一貫方式を選択したということになる．

なお，ここで"プロポーザル"と，これまでにも登場している"コンペ"という言葉の定義について付け加えておく．『質の高い建築設計の実現を目指して〜プロポーザル方式〜』（国土交通省大臣官房官庁営繕部）というガイドラインによると，

・設計競技（コンペ）方式：最も優れた設計案を選ぶ方式
・プロポーザル方式：最も適切な創造力，技術力，経験などをもつ設計者（人）を選ぶ方式

と定義されている．

この定義によると，"プロポーザル"と"コンペ"は対立する概念であり，本書で掲げている"プロポーザルコンペ"という用語では，言葉自体が矛盾を生じてしまうことになる．しかしながらあくまでも本書では，"コンペ"という言葉を"競技"というもっと広い意味で用いており，この国交省の定義に従っていないので注意されたい．

3.2.2 パートナー選びの具体的手順

ここからは，プロポーザルコンペを通じてパートナーを選び，設計施工一貫方式で建物を建てるという前提での具体的手順について解説する．

(1) "建物で何を実現するか"を明確にする

食品工場を建設する際，いきなり施主が自ら建物の面積を計算したり建物の形を描いたりするケースがある．建物というと規模や形から入りがちだが，施主がすべきことはむしろその工場を建てて何を実現したいのかを明確にすることである．

・事業のビジョン
・新たな食品工場によって一番実現したいことは何か
・製品は何を作るのか
・1日にどのくらいの量を生産するのか
・何人の人がそこで働くのか
・製品の原料はどれくらいの量や種類入ってくるのか
・製品はどういう方法で発送するのか
・原料の受入れから製品の出荷までの流れ
・新たに導入する機械
・工場の稼働日数や稼働時間
・働いている人の動きはどうあってほしいのか
・今回の増産が軌道に乗った後の将来計画
・外観などデザインに求めるもの

こういった点を徹底的に検討し，施主や実務担当者は具体的にメモでまとめたいところである．建物を建てる前に施主の想いや目的を形にすることが重要である．"床面積が何平方メー

トル必要か", "天井の高さが何メートル必要か" といったことは，この段階で考える必要はない．

(2) プロポーザルコンペの参加者を選定する

(1) の内容，そして建物を建てるために必要な予算のめど，計画などの見通しが立った段階で，コンペに向けて動くことになる．間違っても，知り合いの設計事務所1社のみに声をかけるようなことをしてはならない．少なくとも2社，あるいはそれ以上を候補として選定するようにしたい．

それならば，コンペに参加する会社は "多ければ多い" ほうがよいのであろうか．実はそうではない．ここで提案するプロポーザルコンペとは，そのプロセスにおいて施主と参加する会社との間で求められる "濃密なコミュニケーション" を重視している．単に，図面を渡して見積りを提示してもらうというのであれば，コンペへの参加が何社になろうとも，施主にとっては大した負担にはならない．

しかし，先に述べた通りに濃密なコミュニケーションを重視すれば，施主の負担，コミュニケーションの質などから考えて，3, 4社ほどが適当ではないか．

仮に4社選ぶとしても，"4社とも素晴らしい提案を出してくる" という状態が好ましいだろうから，施主も4社に対して真摯に向き合うことが必要となる．一貫方式を推奨してはいるが，候補者として設計事務所を含めてもよい．

コンペに参加する会社の具体的なピックアップ方法としては，インターネットで調べてもよいし，銀行や知り合いに紹介を依頼するのもよい．ただ，紹介を依頼する場合には "どんな会社でもいいから，設計事務所かゼネコンを紹介して欲しい" という言い方だけは避けたい．食品工場を建てたいのであれば，食品工場の実績が多い会社又は食品工場が得意だと称している会社の紹介を依頼する．こういった場合に "うちは何でもできます" という業者もいるが，これは "うちが得意とするものは何もない" という言葉の裏返しとも考えられる．

例えば，大阪で食品工場の建設を考えたとする．インターネットで，"食品工場　建設　大阪" というキーワードで検索してみる．また，"建設" という言葉を "建築"，"設計"，"ゼネコン" などに替えて検索してみてもよい．

銀行からの紹介であれば，更に詳細な情報を提示してから相談するのがよい．単に "工場を建てる業者を紹介して欲しい" と言えば，同じ銀行の支店で取引実績があるゼネコンや工務店，又は銀行の大口取引先である大手ハウスメーカーを安易に紹介されることがあるからである．立地や規模，建物用途，事業ビジョンなどを丁寧に説明し，"これを実現できる戦略パートナーを紹介して欲しい" となれば返答も変わってくる．施主や実務担当者からすれば，建物用途やビジョンへの理解が深そうな会社，同様の建物で実績が多い会社を紹介してもらうことがよいだろう．銀行によっては，こうした会社を紹介できるよう専任の窓口を置いていることもあるので，その担当者に相談できるようにしてもらうのも方法の一つである．

また，建てる工場の規模や立地を踏まえ，紹介してもらう会社の規模や営業エリアをある程度限定したほうがよい．例えば1億円の建物で大手ゼネコンを紹介してもらっても，良い結果は期待できない．一方で年商1億円未満の工務店となれば荷が重過ぎるし，依頼するこちらにとっても心許なさを感じることだろう．

(3) 施主の希望を提示する

コンペ参加の会社には個別で，施主がまとめた希望，特に (1) の "建物で何を実現するか"

を提示する．あわせてこの段階で，参加する会社から"秘密保持誓約書"を提示するよう求めたほうがよい．そもそも施主の事業計画は不特定多数に知れてはいけないというのがその理由である．気のきいた会社であれば，施主側からの求めがなくとも秘密保持誓約書の提出を申し出てくるケースもある．

繰り返しになるが，施主の希望を提示する際には，工場のハードに関する要求事項にとらわれ過ぎてはいけない．例えば，"作業場の床面積は何平方メートル必要"ではなく，"作業する人は何人"とか"1日にどれくらい，どういった商品を作る"などの情報を提示するのである．

また"外壁はALC*とする"といった限定した伝え方もあまり感心しない．仮にALCと特定する場合でも"外壁は，既存建物との統一感並びに防音性と断熱性を考慮して，例えばALCとしたい"など，理由も含めて伝えるべきであろう．あくまで工場を通じて実現したい目的を主眼に置いて伝えるのである．

注* 軽量気泡コンクリート．主に5階建て程度の中低層建築物の外壁や床板，超高層マンションの廊下・バルコニー側の外壁，鉄骨造の倉庫や工場の外壁で用いられることの多い建築材料の一つ．

提示された希望への反応は，会社ごとに差が生じる．例を挙げれば，
　a社："図面と見積書を後日提出します"と担当者が回答
　b社：施主の話をじっくり聞き，多くの質問を投げかける会社
　c社：b社＋現在の工場を見学し，従業員からもヒアリング

といったところであろうか．施主側の担当者が十分に説明しても，"社長に直接お話を伺いたい"と申し出る会社もある．これらに対応するのは面倒ではあるが，できるだけこうした要求には応じたほうがよい．

一方で，"要するに何平方メートル必要か？"，"天井高さは何メートルが良いのか？"などという質問ばかりを出してくるような会社であれば，あまり良い提案が出てくることは期待できない．戦略パートナーとなり得る会社であれば，建物の使い方をもとに面積・形状・寸法などを自社で判断して提案するはずである．

なお，提案を受けるまでは無償でというのが一般的であるが，この点もあらかじめ書面の中で明記しておくのもよい．

(4) 最良なのは"施主が予算を提示する"こと

ゼネコンの選定においては，施主があらかじめ予算を提示することはまれである．それは提示した予算がゼネコン側の見積金額の目安となってしまい，予算より安価な見積りとなる可能性を奪ってしまうとの心理が働くからであろう．施主はできる限り安く建てたいと思うはずであるから，当然のことである．実際に"ご予算はいかほどお考えですか？"と施主に尋ねても，大抵は"とにかく安くお願いします"との回答が少なくない．

設計事務所に図面を描かせ，それをもとに価格競争をさせるのであれば，こうしたやり方でもよい．しかし，コンペを実施するプロポーザル方式では，必ずしも有効な手段とはいえない．それは，会社ごとに提案内容が異なるからである．提案内容，金額とも異なるのであれば，比較することが困難である．例えば3社比較の場合で，
　A社：見積りは安い．提案はイマイチ
　B社：見積りは一番高い．提案も一番魅力的
　C社：見積りはやや高め．提案はおおむね満足できるが魅力はない
となれば当然判断に迷う．

こうした場合，坪単価での比較という手法もよく選ばれる．確かに一つの指標にはなるが，これも万能ではない．建物の延べ面積（建物の各階の床面積を合計したもの）には，法定床面積，容積対象床面積，施工床面積など複数存在し，更に施工床面積については会社ごとに算定の基準が異なる．そのため，単純に比較しても意味がないということが多いのである．

そこで推奨したいのは，"施主が予算を提示する"ことである．例えば"予算5億円でどういうものが建つか提案してくれ"と伝えるのである．もちろん5億円の詳細な内訳も提示を求める．5億円という枠の中で最も価値のある提案をしようと，各社とも努力することであろう．こうすれば価格競争の原理も有効に機能する．

大事なことは単に安く建てることではなく，限られた予算の中でより良い建物を建てることである．

(5) 選定は"提案書＋プレゼン実施"で

各社からの提案は，提案書を提出してもらってそれを見るだけではなく，担当者によるプレゼンテーション（プレゼン）を受けることをすすめる．提案書の豪華さ，センスという点だけにとらわれてはいけない．いうまでもなく大事なのは提案の中身である．プレゼン時には，各社の提案に対して細かく質問してもよい．

例えば，
　・敷地への入り口はなぜこの場所でこの寸法なのか
　・この部屋とこの部屋の間には出入り口がないのか

などを聞いてみるとよい．このときに明解な回答や説明があれば安心だが，"何となくこうしてみた"と言わんばかりの曖昧な返事ばかりが返ってくるような会社には要注意である．施主の事業に関する理解度は，その会社の提案にも表れてくるものである．場合によっては，施主も考えが及ばなかったような新しい提案があるかも知れない．

各社からの提案内容を精査し，提案そのものの価値を評価することは重要である．しかし，選ぶべき対象は"提案の内容"そのものよりも"提案した会社"である．いかに内容の濃いやりとりを経て入念に考えられた提案であっても，あくまで短時間で検討されたものであるから，施主からインプットされた情報も十分ではないだろう．正式な設計作業に移行してから，本格的に施主の想いを実現できる建物づくりに着手するから，場合によってはプロポーザルの段階で提案の内容とはまったく違うものが最終的にできあがる可能性も否定できない．プロポーザルにおける提案資料は，あくまでどの会社をパートナーとすればよい建物ができそうかを判断するための材料に過ぎない．

(6) 選定した企業とは"戦略的パートナー"に

こうして，いよいよパートナーとなる会社を選定することになる．この相手となら本格的な建物づくりができる，"使える建物"づくりができるという相手を選ぶのである．

企業にとって建物を建てることは一大プロジェクトであり失敗は許されない．このプロジェクトを任せる相手は，いわば"我が社の戦略パートナー"といってよい．

提案内容そのものに限らず提案に至るプロセスや姿勢もつぶさに観察すべきである．またその会社の規模や営業エリアについても検討すべきである．中小中堅企業の社長からは，パートナーとして組む相手があまり大企業だと，何となく目線が合わない気がする，最初は気の合う担当者であっても人事異動によって他の担当者に変わってしまえばそれまでの良好な関係が継続されるか不安だ，などといった声もよく聞かれる．パートナーは"社長の顔が見える会社"

が好ましいという意見も多い．

　長い付き合いができるかどうか，ということも重要な観点である．建物とのつきあいは，建設までの期間よりも，完成してからの期間のほうが圧倒的に長くなる．そのため，使っているうちに，"ここを改良したい"，"こう設計してもらえばよかった"という点が発生する．また，計画的な維持管理を実施するか否かで，建物の寿命が格段に違ってくるということもある．こうした点を考えると，パートナーとして選んだ会社が建物を無事に完成させても，引渡し後に倒産してしまえば，その後の瑕疵対応やメンテナンスに困る．ある意味では，建物を建てるという行為は建物への投資であると同時に，その建設会社への投資でもある．つまり，パートナーとして選ぶ相手が長く永続する会社であるかどうかを見極める必要がある．

　もし，設計事務所の提案が一番魅力的であり，その設計事務所が戦略パートナーとして最もふさわしいと思ったらどうだろうか．この場合は，分離方式を採用してもよいだろう．もちろん分離方式のデメリット，リスクに関する懸念は残るものの，一貫方式を優先するあまり不安感があるゼネコンに設計を任せるのでは本末転倒である．

　以上のような一連のプロセスは，決して難しいことではない．ただ，施主や実務担当者の状況によっては，施主の会社のみで進行するのが大変という声もあるのが実情である．こうした場合にはゼネコンを含め，建築の専門家をアドバイザーとして選任するのもよい．特定のゼネコンがアドバイスすること自体が公平な競争原理を阻害するという意見があると思われるが，言うなればこれこそ公平性原理主義というべきものであろう．どのような手法をとってもまったく公平なコンペなど存在しない．分離方式でのコンペを望むゼネコンもあれば，本章で提唱するプロセスこそが施主と当社双方のメリットにかなうと考える会社もある．アドバイスを聞いて納得するかどうかは施主側の判断であり，誰の意見かということに意味はない．

3.2.3　"設計施工プロポーザルの実施要領"の利用例

　"施主の希望を提示する"有効な手段は書面で伝えることである．そのための具体的サンプルを以下に示す．

設計施工プロポーザル要項

　この書面は，設計施工プロポーザルに参加する企業に対し，施主側が提示する書面である．実施に当たっての要項及び建築する建物の情報を記載するもので形式等は決まっていないが，サンプルとして掲載する（p.65-70）．

1. 目　的
　ここでは建物を建てる目的を説明する．施主側の会社が取り組む事業の概略，建物を建てる必要性，そして最後には『プロポーザル方式で選定する』点を明記する．
　① 背景と現状
　　現在の市場・業界の動向や自社の置かれている状況と，今回建設を計画するに至った大まかな流れを示す．
　② 今後の目標
　　新工場で実現したい目標を示す．
　③ 設計施工プロポーザル企業様へ求めるモノ
　　プロポーザル参加企業に対して今後の自社のかかわり方を明確にすることによって，プロジェクトへの取組み姿勢のミスマッチを最小化する．施主の考え方に賛同できれば参加企業のプロジェクトへの参画意欲も高まる．
　プロポーザル参加企業に『守秘義務に関する誓約書』を提出してもらうことで，安心して多くの情報をアウトプットできる．多くの情報を共有することで，より有意義なプロポーザルを受けることができる．

2. 製品（商品）について
　自社の製品と製造プロセスの概略を示す．参加企業へのインプットが表面的なものに偏らないよう，自社の事業の根本を理解してもらうことが目的である．自社の製品に対する思い入れや市場での強み，製造工程の特殊性なども記載するとよい．さらに，ミッションや今後のビジョンなども示すとより理解が深まるだろう．

3. 計画概要
　ここには建築施主（建築主）（会社であれば者名と代表者），建築する場所の住所，名称，敷地面積等記載する．
　工事範囲を記載するとともに，別途工事も明確に示すことでプロジェクト全体での漏れを防止する．
　　例）　工事範囲：(7) 排水処理施設躯体工事と，別途工事 (1) 排水処理施設設置工事について，配管用の躯体貫通部のコア貫やボイド撤去はどちらで行うか．

4. 業務委託先決定プロセス
　委託先企業の選定方法，委託する業務の内容を明記する．サンプルの通り時期詳細が未定の場合は大まかな時期だけ記載することもある．

5. 概算予算
　明確に予算を提示することを推奨する．できるだけ安価に建てたいと思う気持ちも理解できるが，単に安さだけを追求すると本来の目的が達成されない使えない建物となってしまう．大

事なことは単に安く建てることではなく，限られた予算の中でより良い建物を建てることである．

支払条件を明らかにすることで，参加企業も安心してプロポーザルに臨むことができる．

6. スケジュール

ここでは建築各工程におけるスケジュールを記載する．また建物引き渡し時期を明確に定めたい場合は，サンプルのような形で記載する．

時期詳細が未定の場合は9月下旬のように大まかな時期だけ記載する．

7. 弊社担当者

委託先決定の前，後でそれぞれ窓口となる担当者名を記載する．サンプルのように専門分野ごとに担当者を割り当てる場合もあるが，窓口が多くなりすぎると社内の連絡・報告の不備が発生する恐れがあるため，必要最小限とするべきである．

8. プロポーザルについて

プロポーザルに参加する会社に提出を求める書類，プロポーザルを行う日程・会場を記載する．提出物をある程度統一することで，より提案内容そのものの比較に着目した選考が可能になる．

日程・会場が未定の場合は大まかな時期と予定の場所のみにとどめ，後日に各社へ連絡をする．

9. プロポーザルの課題

現工場で課題になっている点，建物に求めるニーズ等をエリア別又は課題別に列挙する．ゾーニングや人・原料・製品の動線の管理，壁・床・天井の仕様，面積，セキュリティ，ソフトの運用に伴うサニタリーの形状など，十分に検討を深めたいことを記載する．

10. 添付資料

実施要綱とともに参加企業へ提示する資料を記載する．既存工場は解体予定であるとしても，現状を理解する参考資料として既存工場の図面等を提示することは重要である．

平成 27 年 8 月 1 日

ご参加企業様　各位

三和食品工業株式会社

代表取締役社長　森本　尚孝

三和食品工業株式会社　新工場建設プロジェクト
設計施工プロポーザルの実施要項

　このたび弊社新築工場建設プロジェクト（以後，プロジェクトと表記）の設計施工プロポーザルにご参加いただき厚く御礼申し上げます．今後，本要項に従って進めてまいりますのでよろしくお願いいたします．

1．目　的
1.1　背景と現状
　弊社は昭和 22 年創業以来，『美味しいモノづくり』を念頭に商品開発型の企業として前進を続けてまいりました．現在，焼き菓子・生菓子・ベーカリーの 3 部門を経営の柱としており，時代に即応したマーケットの開発とお客様に喜ばれる商品づくりを行っております．
　昨今，多様化する消費者のニーズへのきめ細やかな呼応，高まる製品の安全・安心への対応及び激化する価格競争力に強化に向けた生産体制が求められております．

1.2　今後の目標
　現在 3 部門に分かれている生産ラインを 1 箇所に集めることで，生産効率を向上させるとともに，更なるイノベーションを生みブランド価値を高めることを目的としています．

1.3　設計施工プロポーザル企業様へ求めるもの
　この重要プロジェクトの委託先は当社における戦略的パートナーと位置付けをしており，その決定プロセスにつきましては，信頼性と公平性を重視した中で事前に 2, 3 社選定させていただき，その企業様の中からプロポーザル方式で 1 社をパートナーとして選定させていただきます．選定におきましては，周辺環境の調和と弊社の事業を十分に理解し，目的達成のための真の食品工場を実現できる企業様であることを重視しております．

　なお，当プロジェクトにご参加いただきます企業様には『守秘義務に関する誓約書』を提出いただきます．貴社をはじめ，見積り作成・図面確認に携わるすべての協力会社様にも情報の取り扱いに注意していただきますよう，ご協力よろしくお願い申し上げます．

2. 製品（商品）について
2.1 主力製品（商品）と特色について
　弊社は創業以来約30年に渡って，焼き菓子を得意分野としてきました．なかでも地元の原料にこだわったオリジナルのロールケーキは，独特のソフトな食感で多くのお客様に支持していただき弊社の主力商品となっております．

2.2 製造プロセス（例：洋菓子のスポンジ）
・原料受入れ検収場（常温，汚染区域，乾燥）
・原料の保管（20℃，汚染区域，乾燥）
・開包場（20℃，準清潔区域，乾燥）
・計量（20℃，清潔区域，乾燥）
・混合・撹拌（20℃，清潔区域，湿潤）
・放冷場（10℃，清潔区域，乾燥）
・焼き（25℃，清潔区域，乾燥）
・放熱場（15℃，清潔区域，乾燥）
・検品（15℃，清潔区域，乾燥）
・包装（15℃，準清潔区域，乾燥）
・梱包（常温，汚染区域，乾燥）
・出荷場（常温，汚染区域，乾燥）

※原料受け入れ検収場及び出荷場は，フォークリフト（荷重1500kg）が通行します．
※混合・撹拌は熱湯で床の洗浄を行います．（80℃　2回/日）

2.3 製造機器
・焼きの工程：◆◆◆（給水＊リットル，排水＊リットル，電力＊kW）
・梱包の工程：◇◇◇（給水＊リットル，排水＊リットル，電力＊kW）
　　　……（他，要望中略）……

2.4 認証関係
　取引先の要望でいずれはFSSC 22000の取得が必要．
　まずはHACCPの取得も考えているので，対応可能な工場として欲しい．

2.5 その他
・入出荷のトラック及びよう（傭）車は10t車ウイング仕様で1時間に1台，合計8台/日来場．
・従業員は25名及びパートは50名を予定．
・廃棄物量は10㎥/日．
　　　……（他，要望中略）……

3. 計画概要
3.1
　工事名称：　　三和食品工業株式会社　新工場建設プロジェクト
　工事場所：　　大阪府大阪市淀川区木川西△△-○○
　工事概要：　　鉄骨造　地上2階建　食品工場

　　　　　　　　　敷地面積　　5 000.00 ㎡
　　　　　　　　　延床面積　　4 000.00 ㎡程度
　工事範囲：　（1）建築主体工事
　　　　　　　（2）電気設備工事
　　　　　　　（3）機械設備工事
　　　　　　　（4）造成及び外構工事（植栽工事を含む．）
　　　　　　　（5）道路等改修工事
　　　　　　　（6）太陽光発電及び地熱活用設備
　　　　　　　（7）排水処理施設躯体工事
　　　　　　　（8）看板・サイン工事
　　　　　　　（9）自動倉庫及び関連運送設備工事
　　　　　　　（10）電話・ITネットワーク機器設置工事
　　　　　　　（11）監視カメラ・セキュリティ機器設置工事
　別途工事　　（1）排水処理施設設置工事
　　　　　　　（2）事務関連備品設置工事

3.2　発注者
　住所：　　　大阪府大阪市淀川区木川西△△ - ○○
　名称：　　　三和食品工業株式会社
　代表者：　　代表取締役社長　森本　尚孝

4. 業務委託先決定プロセス
4.1　選定方法
　候補企業様より，目的に対する企画及び企業様の実績及び経営方針を提案（プロポーザル）していただき，その内容より1社を決定させていただきます．

　候補企業様につきましては，CSR面はもとより実績を含め，総合的に安心して業務を委託することができる企業様を事前に選定させていただいております．

　よって委託企業様の最終決定におきましては，11月度に弊社役員，及び各部門責任者へプロポーザルを実施していただき，弊社社内の選考会議で決定いたします．プロポーザル段階で，弊社事業の発展性において，本プロジェクトだけにとどまらず，継続してお付き合いさせていただく戦略パートナーとして最適であるかどうかの視線で決定させていただきます．

4.2　業務委託内容
　a）設計・監理業務
　　・基本設計・実施設計
　　・工事監理業務
　　・上記に伴う諸官庁手続き一式及び許認可取得
　b）施工業務
　　・施工範囲
　　・弊社へ事前説明及び報告

　　　　　・保険
　　　　　・竣工図及び竣工写真の提出
　　　　　・諸官庁検査に伴う申請費
　　　　　・統括安全管理業務

5. 概算予算
　　概算予算：　　　5億円
　　支払条件：　　　第1回　着工月末30％
　　　　　　　　　　第2回　上棟月末30％
　　　　　　　　　　第3回　竣工引渡翌月末40％
　　支払い方法：　　指定口座へ現金振込

弊社の設計思想について
　建物の見学コースを備え，かつコミュニケーションの機会と機能的な同線重視を願います．

6. スケジュール
6.1 発注選考プロセス
　条件書の配信・見積説明会　　平成27年8月1日
　現地調査日　　　　　　　　　平成27年8月5日〜平成26年8月10日
　質疑締切日　　　　　　　　　平成27年
　質疑回答日　　　　　　　　　平成27年
　見積・プロポーザルの提出日　平成27年
　一括発注先決定　　　　　　　平成27年
6.2 設計プロセス
　基本計画・基本設計　　　　　平成27年
　FSSC 22000事前協議　　　　　平成27年
　実施設計　　　　　　　　　　平成27年
6.3 行政等への届け出プロセス
　建築確認申請　　　　　　　　平成27年
6.4 施工プロセス
　正式発注　　　　　　　　　　平成27年
　着工　　　　　　　　　　　　平成27年
6.5 検収・引き渡し
※引き渡し時期は新設ラインのベイカーの納期である平成27年◇月◇日であること．

7. 弊社担当者
7.1 委託先決定までの担当
　　　　　　総務部　　　　　井上（労務・総務関係）

7.2 委託先決定後の担当

食品事業部	松本（製造関係）
総務部	井上（労務・総務関係）
資材部	高橋（発注支払い関係）

8. プロポーザルについて

8.1 提出書類

提案書（A3ヨコ）

提案に関する図面（A3ヨコ）
- ①全体構想（敷地配置図，平面図，外観図など）
- ②周辺環境との調和が想像できるもの（完成パースなど）
- ③概算工事費（実施設計を含む．）
- ④概算工程表
- ⑤設計施工体制表
- ⑥類似建物設計・施工実績
- ⑦配置予定者の経歴（食品工場の経験）
- ⑧会社案内（会社概要書，直近決算を含む3年分の財務諸表）

※提出書類は，『守秘義務に関する誓約書』の対象物として取り扱いさせていただきます．

提出方法
- ①提出期限：
- ②提出部数： 2部
- ③提出方法： 郵送（厳封すること）
- ④提 出 先： 532-0024　大阪府大阪市淀川区木川西△△-○○
  00-0000-0000
  三和食品工業株式会社　代表取締役社長　森本尚孝 宛

8.2 プロポーザル日程・会場

日程：　平成27年○月を予定．確定後，別途ご案内致します．
会場：　弊社大会議室を予定．確定後，別途ご案内致します．

9. プロポーザルの課題

エリア別の課題を列記いたします．プロポーザルにおきましては，これらの課題に対するご提案を盛り込んでいただくようお願いいたします．

9.1 生産エリア

a）面積の確保

　　ベーカリーラインの増設を考慮すると現状の130％程度の確保を希望します．

b）見学コース

　　実作業に影響を与えず，かつ死角がない清潔な生産エリアをイメージする見学通路が望ましいと考えます．見られることで7Sの啓蒙だけではなく，従業員

の仕事に対する意識改善を図ります.
c）セキュリティ対策
　社内機密事項の漏えい防止やフードディフェンスへの対策を講じるようお願いいたします.
　……（他，要望中略）……

10. 添付資料
　・見積要項書
　・基本計画書
　・マスタースケジュール
　・現況写真
　・既存工場図面及び生産機器関連資料
　・様式集
　　・質疑回答書
　　・設計施工体制表
　　・類似業務実績
　　・配置予定者の経歴

参　考　文　献

1) 日経アーキテクチュア，2009年10月26日号，日経BP社
2) 安藤忠雄（2008）：建築家　安藤忠雄，新潮社
3) 森本尚孝（2014）："使える建物"を建てるための3つの秘訣，カナリア書房
4) 渡部千種（2014）：特集Ⅱ-2 "ロングライフ食品の製造施設に求められる要件"，食品と開発，Vol. 49, 2014年9月号，UBMメディア(株)

4. パートナーとともに計画する工場

4.1 施設・建物の基本計画

2013年12月4日,"和食 日本人の伝統的な食文化"がユネスコ無形文化遺産に登録された.国の方策としても日本食の海外輸出の増大を成長戦略としている.一方,国際的な"食の安全"に対する要求は,ますます高度化しているのが現状である.海外に輸出するには"HACCP手法を用いた衛生管理"について文書化することとその管理記録を提示しなければならなくなっているし,今後はFSSC 22000対応が求められるであろう.国内に目を移しても6次産業化への取組みが推進されており,一次生産者が取り組むためには,食品製造施設(加工場や食品工場)の整備が要求されることになる.

日本の食品の99％は中小企業が加工,製造しているのが現状である.図4.1は,2013年7月に農林水産省食料産業局企画課より発表された食品販売金額規模別のHACCPの導入率を示すものであるが,販売金額50億円未満の企業の導入率は,導入途中を含め27％程度でしかない.

今後,食品工場建設を計画するとき,HACCP手法を取り入れて計画,さらにはFSSC 22000対応工場の計画を立てていくことが重要となる.特に中小企業では,建設コストも小さ

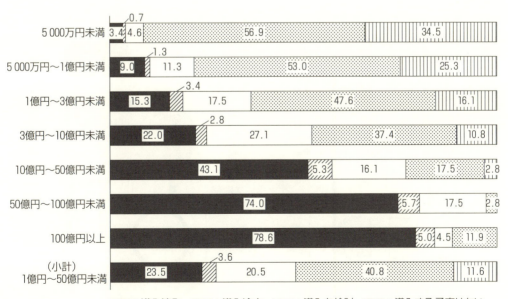

図4.1 食品販売金額規模別のHACCP導入(2013年7月,農林水産省食料産業局企画課)

く建築サポートできる設計事務所や建設会社も多くないため，前章で述べた戦略的パートナー選びとともに自社での計画を充実させることが重要となる．ここでは，どのようなことに着目し，戦略的パートナー（以下，パートナーという．）と歩調を合わせ，どのように計画を進めていけばよいかというポイントについて解説する．

4.1.1 施主がしなければならないこと

これからの食品工場は，衛生管理に対する要求が否応なく強くなることは明白である．安全な食品を消費者に提供することが食品企業の最大の責任となる．自社の製品を安全に製造していることを科学的に実証していく衛生管理がHACCPである．したがって工場建設の計画時には"HACCPプラン"を作成し，その手順に沿った計画をすることが重要となる．

施主は，工場建物は，単に製造設備を囲う上屋だけではなく，食品が安全に製造されるように計画され，効率的，機能的でかつ衛生的になるようにパートナーに情報提供することを心がける必要がある．この目的を達成するためには，製品がどのような工程で，どのような方法で製造されるのかを明確にしておく必要がある．そのとき，"HACCP手法"により製造工程のハザード分析とリスク評価を行い，予防保全策を構築し，施設計画に対する要求事項をパートナーに提示することが"初めの第一歩"となる．

(1) 基本理念を持つ

お客様から信頼され，発展を続ける企業になるためにどのような理念を持っているのかを明確にし，施工者の理解を得なければならない．互いに理念を共有し，施工者がパートナーとして最大の協力者となるように総合的な体制づくりと信頼関係の構築が重要である．

(2) 食品工場は総合技術の結集で完成する

図4.2に示すように，食品工場に限らず生産工場は総合技術が結集されそれぞれの機能が発揮され，その機能が有機的に結び付くことが重要である．施主は，製造に関する情報をできる

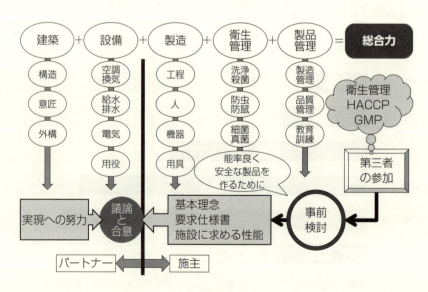

図 4.2

(出展：FOOD TECK 2012 "やさしいHACCPセミナー" 海老沢 発表資料)

だけ的確にパートナーに伝えなければならない．
　伝える情報として，
　① 製造する製品を明確にする．
　　・製造する全製品の名称，生産量，賞味期限，保存方法
　　・使用する原材料や添加物の名称・種類，入荷量，保管方法（冷凍・冷蔵・常温）
　　・使用する包装資材の名称・種類，入荷量，保管方法（湿度制御の有無など）
　② 製造工程を明確にする．
　　・製品ごとの原材料の受入れから出荷までの作業工程
　　・工程ごとのタイムスケジュール（洗浄作業等を含む．）と全工程時間
　　・使用する機器とその最大能力，通常能力，時間当たり生産量
　　・使用する用具類の種類と量
　　・台車など運搬機器の外径寸法，重量，使用数量など
　　・作業人員（男性・女性，常時，最大）
　③ 作業手順（作業方法）を明確にする．
　　・工程間の原材料，中間製品の移送や積み換え方法（コンベア，台車，作業者）
　　・1回当たりの作業量（大きさ，重量）
　　・中間製品の一時保管や保存方法
　④ 製造環境を明確にする．
　　・使用する製造機器の寸法（幅×長さ×高さ），重量
　　・製造機器の発熱量，給水量，排水量，動力容量，ガス量，排気量など
　　・中間製品の管理温度
　　・作業環境への要求（室温，湿度，清潔度）
　⑤ 付属室（洗浄室，備品保管室，乾燥室，廃棄物保管室，設備機器の付室など）
などが考えられる．これらの設計基本条件が提示されることにより基本計画が実施されることになる．
　これらの基礎資料は，後々に作られる作業手順書や衛生作業手順書の基になるものである．製造工程を明確にすることにより各作業室や保管室，洗浄室といった関連する部屋の大きさ（床面積，天井高）が決まっていき，建設コストのおおよその見当がつけられることになる．この時点で初めて建設予算ができあがる．
　HACCPという製造過程の衛生管理手法を考えたとき，作業室ごとに要求される清潔度レベルがあるので，工程ごとに作業室を設置することが考えられる．おそらく既存の製造工場では大部屋で製造していることが多いと考えられるが，"建設費が高くなる"というのは間仕切りが増えるからであり，衛生管理の充実を図ることを理念とするならば必要な投資であると考えるべきである．

(3) 建設会社（パートナー）とよく話し合う

　施主は，製造の専門家であり，パートナーは建設の専門家である．新しく作られる工場が，機能的で衛生的な施主が望む性能を有するようにするには，意見交換し，理解し合い，情報を共有することが大切である．製造施設に要求されることは，施設が清潔で機能的であることである．
　以下の内容が，計画に取り入れられているのかを十分に話し合うことが重要である．

① 清潔な施設であること
　・外部から原材料・資材や人を介して虫やホコリを侵入させない．
　・建物の隙間や空気取入口，排気口から虫やホコリを侵入させない．
　・排水溝から虫やネズミを侵入させない．
　・施設の中に虫の棲みかを作らない．
　・排水を作業室に残さない．
　・廃棄物を作業室に残さない．
　・食品残渣は製造施設から離れた場所の冷蔵庫に保管する．
　・作業室にホコリ溜まりを作らない．
　・作業室，製造機器の清掃・洗浄が隅々までできるようにする．
　・清掃用具保管は中まで見えるようにする．
　・排熱，水蒸気，湯気，臭気などは，派生する場所から速やかに排除する．
② 効率的であること
　・適正な条件提示によるレイアウト作成．
　・廃棄物の動線，用具洗浄の動線に注意を要する．
③ 機能的であること
　・作業区画が簡単明瞭であること．
　・当たり前に行動していれば決まりが守られること．
　・全体ゾーニングを考えること．
④ 働く人にやさしい管理システムであること
　・作業室に個人の持ち物を持ち込まないようにすること．
　・"守らなければならない規則"が少ないこと．
　・"当たり前のことを当たり前にしていればよい"施設．

　以上に述べたように，施主は目的を定め，その目的が達成できるように努力し，信頼の置けるパートナーを決めることが肝要である．そのためには，まず自分たちの情報を事前検討により作成することが重要となる．この段階は，設計のための構想を練る段階である．あるときは，常識と考えていることを翻さなければならないこともある．特にHACCPという考え方を施設に採用しようとしたときは，尚更である．この段階のサポートを求めることは，計画実行の成果に大きく影響してくるので，できるだけ多くの情報を集めるべきである．自信を持って施設に対する要望をパートナーに提示し，ヒアリングを行って，互いに理解し合って"施主－パートナー"という関係を作り上げるように努力することが施主に求められる最初で最大の要件である．

4.1.2 トータルコストを考える

　前述のようにHACCPの考えに基づく製造施設は，従来の施設に比べ建築コストが高くなることは，理解していただけるかと思う．
　コストアップの最大の理由は，
① 衛生管理の面から作業室を細かく区画すること（大部屋の場合，製品に対する危害が発生したとき，その復旧は全体に及ぶが，工程ごとに区切られている場合は，局所に限定しやすい．）．

② 外部からの虫やネズミのなど有害生物の侵入，ホコリの侵入，作業者による危害要因の持ち込み防止のための対応
③ 施設全体の気密性が高まるための作業環境対策
④ 製品の安全性を考えた温度制御

などである．予算計画を立てる際にはぜひとも考えておかなければならない項目である．

(1) イニシャルコストとランニングコスト

建設費に関わるコストは大きく分けてイニシャルコスト（建築費）とランニングコスト（運転維持費）に分けられる．この両方を合わせてトータルコストという．

イニシャルコストは，建築する施設の規模や原料から製品になるまでの品質管理に必要な条件などで決まってくる．常温で加工できる場合や特別な空調などを必要としない場合と作業室全体を低温に維持しなければならない施設では，後者のほうが高額になることはご理解いただけると思う．"HACCPを導入するとコストが高くなる"というのはある意味では事実であるが，それは製品の安全を守るための必要な投資であり，当然やらなければならないものである．衛生管理をきっちりとできるように施設を作れば，後で述べるようにセキュリティ対策の基本部分をも十分に満たすことができる．管理運用（ソフト面）で作業者の管理（ある意味"監理"）をしようとしても全員が一致して守ることができなければ，逆に言えばたった一人が規則を守らなければ，食品の安全を保証できないということは，近年発生している食品事件が示しているところである．

ランニングコストには，設備稼働のための電気代，水道代，排水処理費，燃料代（エネルギー代）などの料金と機械や用具などの消耗品費用，部品交換費用，故障時の復旧対策費，定期的な保守点検作業費等が含まれる．これらは製造が続く限り，常にかかる費用である．この費用をいかに少なくするかを考えた設計をすることが重要となる．

(a) 電気代

工場を新しく建設したとき，ランニングコストで最も増加するのが電気代である．新しい工場では，虫の侵入を防止することや製品の安全管理（品温管理，衛生管理など）のため，作業室温度制御のための空調設備や換気設備の設置が必要となり，建物の気密性が高まることにより関連する設備機器の設置が必要となる．また，作業者の作業環境改善においても空調設備の設置は今後，ますます必要になってくる．

(b) 水道代，排水処理費

作業室の衛生環境を維持するために清掃・洗浄の頻度が増加すると考えられる．そのため使用水が増加することになる．製造機械を洗浄した排水をそのまま作業床に放流しているケースを既存施設ではよく見かけるが，排水管で排水溝に導くなどして作業床をできるだけ濡らさないようにするドライ化を新工場では考えるべきである．床が乾燥していれば，掃除機などで清掃することが可能となる．

(c) 燃料代（エネルギー代）

場合によってはガスや灯油などの使用が必要となるケースも考えられる．冷暖房は現在のところ，電気をエネルギーとする設備装置が主流になっているが，温水をつくったり蒸気を必要とする場合は，ガスや灯油の使用を考えたほうが安価になることもある．

(d) 保守点検費用

新しい工場では，生産設備や環境設備の機械化が進むことになるが，これらの装置は常に保

守点検し整備していないと能力の低下や故障を引き起こす．生産装置においての保守点検，日常の整備は絶対にしなければならない作業であるにもかかわらず，それらの機器メーカーと保守点検契約を締結していない会社を多く見かける．保守点検費用は工場を新しくしたから増加するのではない．例えば冷蔵庫の冷却設備が故障し製品を廃棄しなければならない場合，作業室の空調設備が故障し，製品温度が高くなるため作業を中断しなければならない場合，生産機械がトラブルで短時間ではあるが停止するといった"チョコ停"の発生する場合などを考えたとき，生産効率の向上や廃棄などムダなコスト発生を抑えるために保守点検の必要性が理解できよう．

4.1.3 省エネルギー

新しい工場ではどうしてもランニングコストの増加が起こる．衛生管理の充実のため必要な投資であるが，製品にその費用を上乗せできる社会環境になっていないのが現実である．そこで必要となってくるのが"省エネルギー対策"である．パートナーを選ぶ際に重要となる要素の一つは，どこまで省エネルギーを追求しているかである．

$$\boxed{\text{トータルコスト＝イニシャルコスト＋ランニングコスト}}$$

費用は上式で表されるが，ランニングコストは先にも述べたように工場存続の間，毎日発生する費用であり，イニシャルコストは建設時の一時的な費用であるとも解釈される．したがって，一時的な費用が増加してもランニングコストを抑えることができれば，トータルコストを小さくすることが可能となる．工場存続の期間（工場の寿命と考えてよい．）を考えたとき，かかる全費用の集計を"ライフサイクルコスト"という．その場合，いろいろと考えることが"省エネルギー対策"と言われるものである．おおむね5年程度で費用回収できる内容が最適であると考えられている．

わかりやすい例をあげるならば，"照明のLED化"である．LEDの照明器具本体のコストは高いが，電気代が従来の器具に比べて安い（約40％）ことと長寿命化（約10倍）になることから長期間を考えたとき，省エネルギーとなりトータルコストが従来器具に比べ安くなることになる．

いくつかの例を以下に示す．

(a) 建物の断熱性能の向上を図る

建物は日射や外気温度により夏は熱せられ，冬は冷却される．建物の気密化で説明したように空調設備の増強が新しい工場では必ず必要になってくる．そのとき，空調負荷に与える影響で最も大きいのが建物負荷と呼ばれる熱エネルギーである．建物の断熱性能を高めたり，遮熱塗装などによりその負荷を小さくすることが可能である．断熱や遮熱に対するイニシャルコストは増加するが，ランニングコストを小さくすることができる．

(b) 節電対策

① ムダな照明の消灯：更衣室，一般区域の廊下，便所など常に点灯を必要としない場所の照明は人感センサーで人がいる場合のみ点灯するようにする．特に便所は不特定多数の人が入退場のとき，照明スイッチに触れることを衛生管理上からも避けるべきである．

② 照明器具のLED化：器具の長寿命化と消費電力の低減を図ることができる．外灯をLED照明にすることにより保守点検の省力化や誘虫効果の低減を図ることができる．

③ 熱源機器の細分化：機器容量を分割することにより低負荷時の効率を高めることができ

消費電力の低減を図ることができる．故障時の全停止を防ぐことができる．
④　空調機器のマルチ化：一般事務室などの空調計画では，1台の室外機に複数の室内機を接続して運転効率を高めることにより全体消費電力を下げることができる．

(c)　生産設備の熱負荷軽減対策

① 生産機器からの発熱量も空調負荷に大きな影響を与えることになる．遮熱フィルムなどを発熱体の表面に貼るなどすれば，室内への熱の放散を防ぐことができるとともに生産機器の熱損失を抑えることができる．
② 排熱，水蒸気，湯気，臭気などはできるだけ発生する場所の近くに排気口を設けることにより室内への拡散を防止することができる．特に排熱や湯気は上昇する傾向にあるので，排気口を適正な位置に設置することにより効率的・効果的に排除することができ排気風量を少なくするように検討することが重要となる．

このように設備については工夫次第で省エネルギー化を図ることができるので，パートナーとの打合せをよく行うことが大切である．選ぶパートナーの条件としては，生産工程に関心が高く，さまざまな施設設計の実績を持ち，省エネルギー提案を積極的にしてくれる企業を選択すべきである．

4.1.4　ハード対策とソフト対策のバランス

施設の運用に際し，対の単語で表現されるものに"ハード"と"ソフト"という単語がよく使用される．

"ハード"とは，施設そのものや生産設備といった食品製造に関連する目に見えるものをいう．"ソフト"とは作業手順，運転操作，清掃作業，保守点検など人の行動を表す単語である．ときどき"設備（ハード）するとコストが高くなるので運用（ソフト）で対応する"という企業を見かけるが，ソフトを充実すれば本当にコストが低く維持できるのであろうか．

"ハード"を設備するには，目に見える費用がかかるのは事実で，"もったいない"，"ムダだ"という評価を簡単に出す傾向になっていないだろうか．"ソフト"は，言い換えれば"人がやること"であるため，費用は一見，かからないように感じるかもしれないが，何らかの管理基準があれば，すべての人が，その日だけでなく1年365日，言い換えれば食品製造している全年月にわたり常に同じレベルで実行しなければならないことを要求されるということである．また，長年にわたり，最初から最後まで同じ人が同じことをするわけでもないし，新人の補充などもある．そのとき，同じレベルを維持できるかどうか考えてみる必要がある．したがって"ハードは目に見えるコスト"であったとしたら"ソフトは目に見えないコスト"であり，積もり積もれば，"ハード"で対応するほうが安くできるということにもなるものがあることを理解する必要がある．

【ハードでできることはハードで対応する】

"ハードとソフトのバランス"ということを考えるとき，効率，効果，衛生，安全というすべての面で比較検討することが大切である．多角的な視点，高所から全体を見渡す視点，詳細な重要事項を見落とさない視点など，ありとあらゆる検討をしていかなければならない．特にハードをいったんつくると改修や改造に大きな費用がかかることになるので，不都合が生じたからといって簡単にやめることはできないことを考えて計画を進めなければならない．

例えば，部屋の入口に間仕切りと扉が設置されていれば，そこしか通ることができない．しかし，簡単な縄張りで仕切っていると縄をまたいで入ろうと思えば入ることができるので，全員が同じようにルールを守らなければならない．このようにソフトだけで対応するには，全員のモラルに頼らなければならなくなる．食品製造においては，更に衛生管理という要素が加わるが，言葉は衛生管理でもその意味の捉え方は十人十色である．これを全員同レベルに維持することは非常に難しいと考える．

そこで，工場施設の入口から製造現場の入口に至る動線に関しては，間仕切りなどで確実に区画しておくことを常に提案している．従業員は毎日同じように出勤し製造現場に入るので問題はないかもしれないが，外部の人（見学者，取引先の人間，その他来客など）が訪れたとき，どこからでも入れるならどこを通ればよいのかさえわからない．入口で靴を脱ぐのか，脱いだ靴をどこに置くのか，といった簡単なことすらわからないことを経験したこともある．

きっちりとした動線計画に基づき人の動線を決め，必要な設備を必要な場所に設けるということが大事である．ルールや手順は，それを維持することに専念したものを作るだけでよいので，誰でもが簡単に守ることができる単純なルールに仕上がることになる．

施設そのものは，人に優しく仕上がっていなければならない．そうすれば守らなければならないルールは人にやさしいものとすることができる．

HACCPによる食品製造の衛生管理は，施設全体から製造工程全般を含め作業者個人の衛生管理まで非常に幅広いものである．また，原材料，資材の受入れから製品の出荷までの全工程について衛生管理を要求されている．作業者が製造に集中して衛生管理を実行できるように，製造以外での衛生管理については，その目的を明確にして手順を単純化するように設計することが重要となる．"あれをしてはダメ，これをしてはダメ"，"○○しなさい"という監理項目ばかりを増やすと人はついて来られず，守られなくなる危険性がある．守らなければならないルールが多いということは，それだけ全体に危険性が多いということの裏返しである．"Simple is Best"をすべての面で心がけるべきである．

4.1.5　パートナーを選ぶ

施主が，パートナーを選ぶ際に必要なことは情報収集と面談である．自分の建設に対する思いをどれだけパートナーが理解してくれているか見極めることが必要である．そのためには，まずどのように計画を進めるのか，自分の得意分野は何か（製造に関しては専門家である．），不得手な分野は何かを知ることから始めなければならない．従業員に対する思いやりの心も大切である．古い言葉に"三方良し"という言葉があるが，その気持ちを維持することであり，パートナーとしてそれを共有できているかを見極めていくことである．

パートナー選びでもう一つ重要なことは，食品工場はさまざまな構成要素の組合せである．それを一つにまとめ上げることで全体が調和し，効率的・衛生的かつ安全な製造をすることができる．工事を行う際，必ず"取り合い部分"というものが発生する．その部分について誰が（どちらが）どこまでやるのかを決めることである．特に製造機器は，施主の手配で行い，電源の供給や給排水管の接続は，建設工事側が行うことが普通であるが，両者の考えが違うと使い勝手の悪いものになる．このようなことを想定し，事前打ち合わせをするという気配り姿勢を持つパートナーを選ばなければならない．

4.2 施設内装仕様・建築設備計画

FSSC 22000 の要求事項の中で "5. 施設及び作業区域の配置"（表 1.3）（p.26, 27）がこの節に当たる．

4.2.1 ゾーニング（作業区域）計画の基本的な考え方

施設計画を進めるに当たって，施主は顧客（消費者，販売先など川下）に対し自社製品の安全・安心を提供し，対価（利益）を得るべき施設計画の趣旨を設計者にいかに正確に，かつ要求項目に優先順位をつけて伝達するかが重要である．それを受けて設計者は施主の要求項目に対しソフト・ハード両面のバランスを考慮した設計を行い，施工者に詳細書面（計画経過詳細趣旨・設計図書・食品施設の施工留意点など）の設計趣旨説明を十分に行う．施工者は，施主・設計者の趣旨を理解し，施主の要求事項を満足させるべく施工にあたらなければならない．すなわち，施主・設計者・施工者の三者が施主の要求事項を共通認識として，当該施設建設を遂行することにより，安全・安心な食品を提供できる食品製造施設となるのである．

施設計画の基本ステップは下記の手順で行われる．

食品は加熱食品と非加熱食品に分類され，原料製品，半製品，最終製品の製造で施設計画が異なるので，計画施設で製造されるアイテムをすべてリストアップし，加熱食品か，非加熱食品か，半製品食品か，を整理することから計画は始まる．

ゾーニング計画では，製造作業工程（フローチャート）を汚染作業区域・準清潔作業区域・清潔作業区域に区域分けする．

製品製造作業に従事しない事務室，更衣室，休憩室などの管理室は，一般区域とし製造室と完全に分離し，一般区域と製造作業区域との接点は作業従事者の入退室（サニタリーゾーン）のみのゾーニング計画とすることにより，一般区域からの二次汚染及び異物混入防止対策が図られ，入室時の衛生管理が把握できる．

施設の基本構成としては，まず効果的な配置計画を決定し，製造室は下層階（2 階建ての場

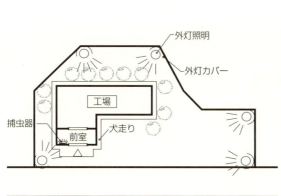

〈原　則〉
(1) 地域特性（風向・方位）を確認する．
(2) 将来計画を検討する．
(3) 昆虫を誘引しない．
(4) くぐり抜けて入ってきた昆虫は捕獲する．

〈効果的な配置〉
(1) 外灯は建物からなるべく離して設置する．
(2) 外灯のカバーは外側に付け，周りの昆虫を誘引しないようにする．
(3) 入出荷室の方位（風向・日照）に注意する．
(4) 室内の照明は外部に漏れないようにする．
(5) 捕虫器は有効半径を考慮して出入り口に光が漏れない位置に設置する．
(6) 捕虫器は粘着式もしくは吸引式を使用する．
(7) 電撃殺虫器は昆虫の手足が飛び散るため，好ましくない．
(8) 歩行侵入害虫に対してコンクリートの犬走りを設置する．（アスファルト舗装は不可）
(9) 植栽は建物に隣接配置せず，花・落葉の少ない樹木を選定し最小植樹とする．

図 4.3 施設の参考配置計画案と外灯照明配置計画案
（資料提供：大和ハウス工業株式会社）

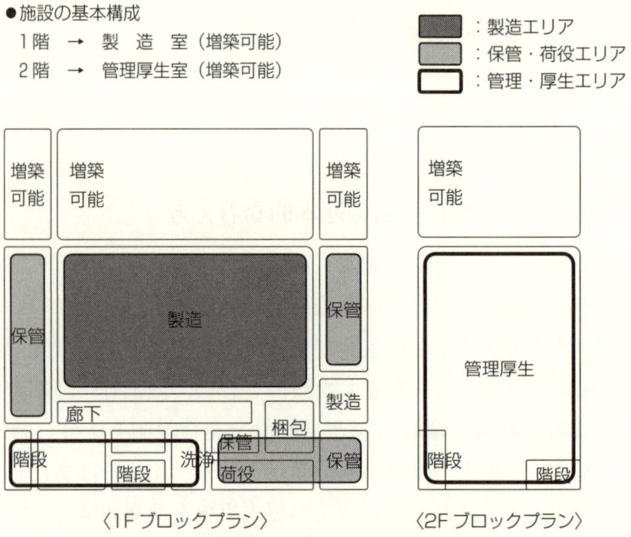
●施設の基本構成
1階 → 製 造 室（増築可能）
2階 → 管理厚生室（増築可能）
：製造エリア
：保管・荷役エリア
：管理・厚生エリア
増築可能
製造
保管
廊下
梱包
階段
洗浄
荷役
管理厚生
〈1F ブロックプラン〉
〈2F ブロックプラン〉

図 4.4　施設の基本構成

（資料提供：大和ハウス工業株式会社）

合は1階）に配置し，管理厚生室は上層階に計画し，事業の拡大に伴う将来増築計画をも考慮したものが望ましい（図 4.3，図 4.4）．

加熱食品と非加熱食品の製造作業工程の区域分けは下記のようになる．

(a)　加熱食品のゾーニング（作業区域）計画（図 4.5，図 4.6）

・汚染作業区域は原材料の入荷及び保管（食肉類，魚介類，野菜果物類などは，保管温度帯及び原料由来の微生物，交差汚染などの二次汚染を考慮した区分け配置が望ましい．），廃棄物保管など．

・準清潔作業区域は加熱処理工程（最終加熱殺菌工程），包装後の製品保管など．

・清潔作業区域は加熱処理工程後の放冷，盛付包装場など．

(b)　非加熱食品のゾーニング（作業区域）計画（図 4.7，図 4.8）

・汚染作業区域は原材料の入荷及び保管，原料下処理，廃棄物保管など．

・準清潔作業区域は包装後の製品保管など．

・清潔作業区域は最終洗浄工程，包装など．

4.2.2　ゾーニング（作業区域）平面計画の進め方

製造施設で製造される全アイテムの製造作業工程（フローチャート）を作成し，原材料入荷から製品出荷までの製造作業工程ごとに衛生作業区域を設定する．

〈平面計画の基本事項〉

・製造作業工程（フローチャート）より，作業区域別エリア区分を明確にし，プランを作成する．

・施設は，製造量・販売量などに応じ，十分な規模及び機能を有するものを設ける．

・製造室の面積は，生産設備（機器類）の据付面積の約 3.5～4 倍以上の床面積を確保する．

・製造室は，製造専用とし，他の製造に関連しない場所・部屋とは，間仕切りで区画する．

・屋外に接する搬入・搬出口は，高速シートシャッターやビニールカーテン（暖簾式）な

4.2 施設内装仕様・建築設備計画

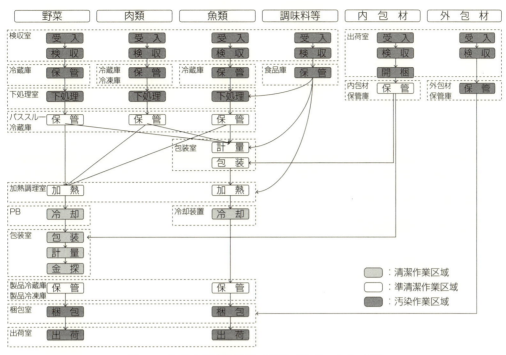

図 4.5 加熱食品製造作業工程図（惣菜・弁当工場）
（資料提供：大和ハウス工業株式会社）

●製造工程にあわせ作業区域を区分し，各動線（人・物）を明確化

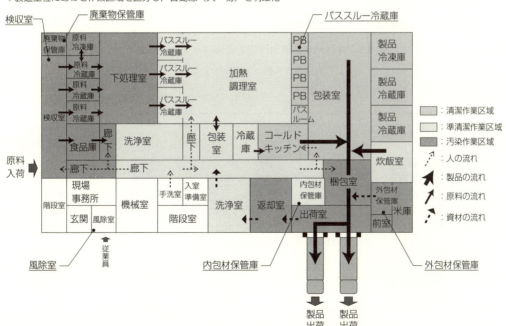

図 4.6 加熱食品ゾーニングプラン図（惣菜・弁当工場）
（資料提供：大和ハウス工業株式会社）

どの，二重扉構造などとし，虫の侵入を防止する対策をとる．
・前室など（入荷室・出荷室・検収室など）に屋外から入室する場合は，サニテーションができるスペースを確保する．

次に設定した衛生作業区域と製造作業工程の流れを考慮して製造室を配置する．基本的な流れとして，

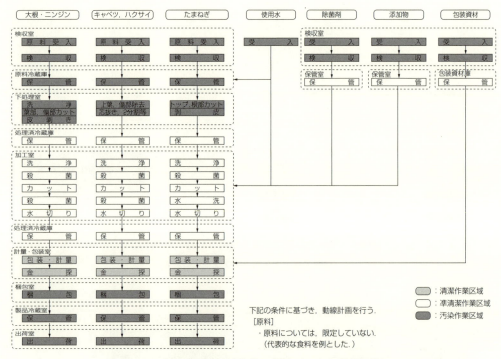

図 4.7　非加熱食品製造作業工程図（カット野菜工場）
（資料提供：大和ハウス工業株式会社）

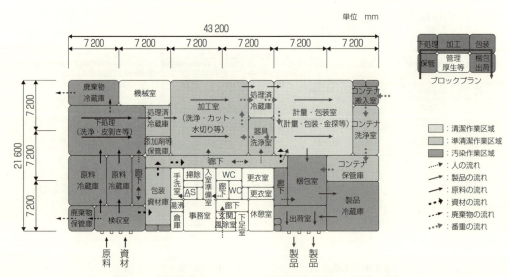

図 4.8　非加熱食品ゾーニングプラン図（カット野菜工場）
（資料提供：大和ハウス工業株式会社）

原材料の受入れ及び検品→原材料保管→原材料下処理→加熱調理→冷却→盛付包装→梱包→製品保管→出荷の流れ（フローチャート）

になり，製造室の配置は，

原材料受入検品室→原材料保管庫→下処理室→加熱調理室→冷却室→盛付包装室→梱包室→製品保管庫→製品出荷室

の製造作業工程の流れに沿って作業室を配置する．

さらに製造作業工程に付帯する搬入作業経路を整理する．
- 原材料保管室から下処理室への開梱及び解凍作業，廃棄物搬出経路など．
- 下処理作業時の食品残渣処理及び下処理調味料の保管・搬入経路など．
- 加熱調理後の食品残渣処理及び調理用調味料，油など給排系統及び搬入経路など．
- 盛付包装時の包材搬入経路など．
- 製品梱包時の包材搬入経路など．
- 各作業時の調理器材の保管及び洗浄・殺菌・保管の経路など．
- 内部番重*及び外部番重の洗浄・殺菌・保管などの経路など．
    注* 製品を入れて運ぶためのトレーのこと．

これらの要因を，必要とする作業の流れに配置する．上記の搬入経路などの内容を整理することが，概略平面計画の基礎となる．

また，HACCP法の支援に基づく高度化基準対象食品には指定認定機関よりガイドラインが設定されているので，ガイドラインに基づき計画を進める必要がある．表4.1に指定認定機関を示す．

表4.1 指定認定機関一覧

	高度化基準対象食品	指定認定機関名
1	食肉製品	日本食肉加工協会
2	容器包装詰常温流通食品	日本缶詰協会
3	炊飯製品	日本炊飯協会
4	水産加工品	大日本水産会
5	乳及び乳製品	日本乳業技術協会
6	味噌	全国味噌工業協同組合連合会
7	醤油製品	全国醤油工業協同組合連合会
8	冷凍食品	日本冷凍食品協会
9	集団給食用食品	日本給食サービス協会
10	惣菜	日本惣菜協会
11	弁当	日本弁当サービス協会
12	食用加工油脂	日本食品油脂検査協会
13	ドレッシング類	日本食品分析センター
14	清涼飲料水	全国清涼飲料工業会
15	食酢製品	全国調味料・野菜飲料検査協会
16	ウスターソース類	日本ソース協会
17	菓子製品	全国菓子工業組合連合会
18	乾めん類	全国乾麺協同組合連合会
19	農産物漬物	全国漬物協同組合連合会
20	生めん類	全国製麺協同組合連合会
21	大量調理型主食的調理食品	日本べんとう振興協会
22	パン	日本パン技術研究所
23	食肉	日本食肉生産技術開発センター

4.2.3 動線管理の基本的な考え方（図 4.9，図 4.10）

動線管理においては製造室内の作業従事者及び原材料・製品，廃棄物の流れを計画する．各流れの重要ポイントは交差汚染による二次汚染を防止し，製造能力を高めることであり，最小動線を製造作業工程（フローチャート）に基づき，作業従事者の流れ，原材料・製品の流れ，廃棄物の流れについて計画する．

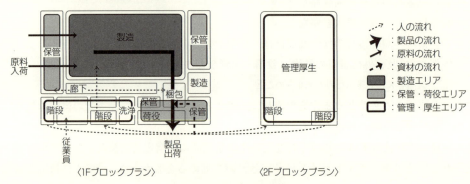

図 4.9　動線の基本構成

（資料提供：大和ハウス工業株式会社）

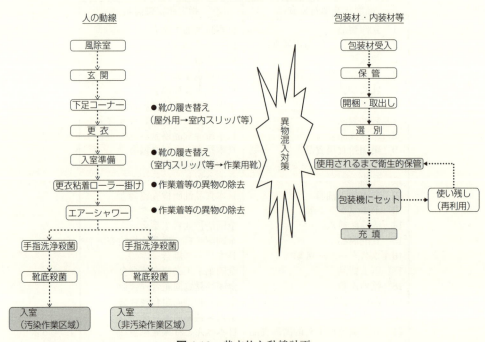

図 4.10　基本的な動線計画

（資料提供：大和ハウス工業株式会社）

作業従事者の流れは衛生作業区域ごとに専用従事者か兼用従事者かにより異なり，専用従事者は各衛生作業区域へ直接入室し作業に従事する．兼用従事者が作業するケースは，二次汚染防止対策として衛生作業区域への移動入室前に，作業靴底殺菌及び手指洗浄殺菌，作業着交換などを徹底しなければならない．また，作業従事者は専用通路より衛生作業区域へ入室して作業に従事し，製造作業室を移動通路として使用してはいけない．

原材料の流れは受入れ・検品後に食肉類，魚介類，野菜果物類，その他などの専用保管庫にラック・パレット保管とし，床面に食品を直接保管しない．原材料の出し入れは，先入れ先出しを基本とし，受入れ・払出しの日時を記録し管理する．専用保管庫の配置は，下処理室（食肉類，魚介類，野菜果物類）に隣接して配置し，短距離動線が望ましい．

製品の流れは，包装・梱包後は専用保管庫にラック・パレット保管し，直接床面に保管しない．

廃棄物の流れは，原材料の開梱，下処理後の食品残渣，加熱調理後の食品残渣，盛付時の残渣が廃棄物発生となり，作業室より作業後日常清掃時に専用廃棄物容器を用いて廃棄物保管庫へ移動する．廃棄物保管庫は可燃物，不燃物，リサイクルと仕分けして保管する．廃棄物専用容器の洗浄殺菌・保管のスペースも必要となる．廃棄物の廃棄サイクル（例えば，3日以内）を明確にし，廃棄物収納台車など設置面積及び設置台数により廃棄物保管庫の面積を設定する．廃棄物保管庫には，清掃用の給排水設備・24時間換気設備が必要となる．

また，大量の食品残渣が排出される施設には，専用の冷蔵廃棄物保管庫の設置など，防虫・防そ（鼠）対策が必要となる．さらに，廃棄物を最小に抑えるべき原材料の形状・保管数量の検討も課題となる．特に，廃油を多く発生する施設は所轄消防署との事前協議の対象となる地域があるので事前調査が必要である．

4.2.4 清浄空間の基本的な考え方

衛生作業区域ごとに室内空間の清浄度が要求されている．清浄度は室内の落下菌数（作業台天端における計測数値）が設定されている．

　　汚染作業区域　　：落下菌数 100 個以下
　　準清潔作業区域：落下菌数　50 個以下
　　清潔作業区域　　：落下菌数　30 個以下　落下真菌数 10 個以下

上記の数値以下の清浄度が要求されるので，各衛生作業区域は機械式にて室内陽圧ができる換気設備を設置し，

　　清潔作業区域 +++　→　準清潔作業区域 ++　→　汚染作業区域 +

となるように室内を陽圧管理し，清浄度の高い区域への逆流防止を行い，各作業室が負圧にならないように，差圧ダンパーの設置など施す．

4.2.5 室内温度管理の基本的な考え方

衛生作業区域ごとに室内温度を設定し，有害微生物の増殖を抑制する．表 4.2 に示すように，温度帯を作業室ごとに設定し室温管理する．

表 4.2　温度管理の設定種類

常温設定	20℃〜 25℃	常温保管など
中温設定	10℃〜 20℃	作業室全般
低温設定	10℃〜　0℃	冷蔵保管
チルド設定	0℃〜 −4℃	チルド保管
冷凍	0℃〜 −60℃	冷凍保管

4.2.6 メンテナンス計画の基本的な考え方

メンテナンスの重要点は，製造過程の途中においてもメンテナンスが可能な施設設備計画を，事前に考えてメンテナンス計画書を設定し，日常・定期的のメンテナンス管理をすることである．

施設新築計画時に製造稼動後のメンテナンスが可能なメンテナンススペースを確保し，製造稼動に支障が出ないような設備設計を検討する．設備配管などの配置計画は，オーバーヘッド方式とし，埋設配管を極力避け露出配管することが基本である．

メンテナンススペースとなる小屋裏空間は，配管及びダクトなどの敷設があるのでメンテナンス作業を容易に行える空間として梁下有効 1 200 mm 以上の確保，及び小屋裏点検者歩行用キャットウォークの設置，資材及び機材を外部から搬入できるマシーンハッチなどを設置する（写真 4.1，写真 4.2）．

表 4.3 の各種設備の配管は，天井小屋裏配管を基本とし天井裏面より作業室に分岐し，各製造機器・機材に接続させる．壁内部への埋め込み仕様はメンテナンス及び配管・配線の変更を行う場合に，製造ラインを停止しなければならないなど，時間・工事費の損失につながる．分岐点には分岐バルブを用いて機器・器材のレイアウト変更に対処ができるよう計画する．特に，

写真 4.1　天井裏メンテナンススペース事例
（資料提供：大和ハウス工業株式会社）

外壁断熱パネル仕上げ　　　　　　　外部マシーンハッチ
写真 4.2　外壁断熱パネル仕上げと外部マシーンハッチ事例
（資料提供：大和ハウス工業株式会社）

表4.3　各種設備配管の配置計画

配管方式	設置方式	配管種別系統	メンテナンス作業
床面排水	露出	雑排水溝	日常清掃
床下配管	埋設	汚水排水管	室内床点検孔より
		雑排水管	室内床点検孔より
ピット配管	露出	汚水排水管	床下内部より
		雑排水管	床下内部より
小屋裏配管	露出	電気ケーブルラック	小屋裏より
		給水配管	小屋裏より
		チラー（冷水）配管	小屋裏より
		給湯配管	小屋裏より
		冷媒配管	小屋裏より
		換気ダクト	小屋裏より
		調味料配管	小屋裏より
		エアー（圧縮・吸引）配管	小屋裏より
		蒸気配管	小屋裏より
		計測配管	小屋裏より
		瓦斯配管	小屋裏より
		給油配管	小屋裏より

換気ダクトのフィルター清掃・交換点検は重要で換気能力の劣化原因につながる．
　また，フライヤーなど油煙換気ダクトの清掃・点検は火災防止として防災面で重要な点検となる．油煙換気ダクトは二重ダクトが，放冷及びダクト内清掃などの面で望ましい．

4.3　床面仕様・壁面仕様・天井面仕様とドライ化対策（図4.11）

　ドライ化工場とは，食品製造時に作業床面（腰壁1 000 mmまで含む．）がドライであることが前提になるので，作業台・作業シンクからの飛び水防止対策が施されて，床面がドライの状態を保持して作業が行え，作業終了後に速やかに清掃・殺菌（ドライ清掃・ウェット洗浄）が行われる施設である．
　そのためには製造時に環境がドライ化仕様になっている仕組みづくり（ソフト・ハード面）が必要となる．しかし，製造作業後の作業床面清掃方法は原材料・製造工程など業種ごとに異なるため，日常清掃は一概にすべてをドライ清掃することは困難であり，業種別の清掃方法を検討しなければならない．
　そこで，個々の作業室においても同様な検討が必要である．
・日常床面洗浄は，ドライ洗浄とウェット洗浄の作業室ごとに洗浄計画を検討するなど．
・定期室内（天井，壁，照明機器，ダクトなど）清掃は，ウェット洗浄の作業方法の検討も必要など．
・日常及び定期清掃では，ウェット洗浄不可の作業室区分の検討など．
　検討が必要な作業室は，冷蔵庫及び冷凍庫，粉体原料及び粉体製品保管庫，粉体製造作業室などで，湿度管理を常に要求される範囲を特定する．
・定期清掃時のウェット洗浄水の処理方法，床勾配，排水溝及び排水枡仕様の検討など．これ以外にも，台車衝撃防止対策，防虫対策及び防臭対策，封水対策などの検討必要．
・ウェット洗浄時の室内湿度管理の検討．

主なユーティリティー
- 給水・給湯・チラー・エアー配管等

給水・給湯・エアーの供給方法
- 清掃性を考慮し，天井より供給する．
- 天井面の開口部に隙間等がない構造とする．（機器及び配管設置のための開口の隙間など）
- 基本的にメンテナンスを考慮し，露出配管とする．

床排水方法
- 各作業エリアごとに区分し，排水を行う．
- 排水溝は，最小限とし，床排水は排水桝による排水とする．

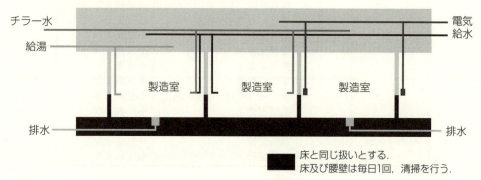

図 4.11　床・壁・天井と施設設備の考え方
（資料提供：大和ハウス工業株式会社）

4.3.1　床面仕様の設定

床面仕様については，床材仕様と床排水などの仕様（後述）が含まれるが，ここでは床材仕様について述べる．

〈床材仕様を設定する条件設定の内容確認事項〉
- 製品に使用する調味料の成分分析（糖分，塩分，酸，油，香辛料，化学成分など）
- 清掃時の洗浄剤成分，殺菌剤成分分析
- 製造機器の分析（発生温度，排水温度，発生油煙，発生蒸気など）
- 製造作業時の原材料の形状（土壌付きか，塩蔵ものか，漬け込みものかなど）

これらの内容確認と製造作業工程の内容に応じて，適材仕様を作業室ごとに検証（サンプリングテストなど）し，床材仕様を決定する．床材仕様をカタログ・サンプルなどで決めるのは厳禁であり，製造稼動後に問題が発生した場合には生産ラインを止めての再施工となり，被害甚大となる要因である．

床材仕様として，以下を考慮して選択する．

(a)　床材選定基準
① 床材選択は，部屋の使用方法などを確認し，不浸透性，耐水性，洗浄性，平滑性，防滑性，耐薬品性，耐熱性，耐磨耗性，追従性などを考慮し材料を選択する．
② 平滑で，摩擦に強く滑らず，かつ亀裂の生じ難い材料を選択する．
③ メンテナンスのしやすい材料を選択する．
④ 作業区域（汚染・準清潔・清潔作業区域）ごとに作業区分を明確化し，従事者意識向上のために色分けを行うことが望ましい．

(b)　主な建築床材料

① 無機質系：防塵塗装，浸透性コンクリート表面強化剤
② 有機質系合成樹脂塗床：エポキシ系，ポリエステル系，ポリウレタン系，ビニルエステル系，FPR防水床，MMA樹脂系
③ 有機質系合成樹脂貼床：ビニル床シート溶着仕様，リノリウム／天然ゴム系溶着仕様，ゴム床シート溶着仕様，抗菌シート溶着仕様
④ 金属貼床：ステンレスチェッカープレート溶接仕様

床材の選定は，性能条件に則した機能，グレード，施工性，メンテナンス性，コストなどを評価し，総合的に選定する．

参考のため，塗り床材の種類（図4.12）と，塗り床材用樹脂の特性と性能（表4.4）を示す．

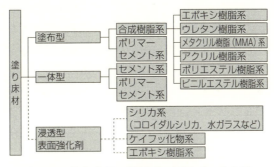

図4.12 塗り床材の種類（日本塗り床工業会編）

［出典　高橋賢祐（2014）：食品工場の床①食品工場における床材選定のポイント，食品工場長，No.206］

表4.4 塗り床材用樹脂の特性と性能

樹脂の種類 比較項目	エポキシ系（無溶剤系）	ビニルエステル	ポリエステル	MMA	水性硬質ウレタン
耐摩耗性	○	◎	◎	◎	◎
耐衝撃性	△	○	○	○	◎
耐アルカリ性	○	◎	◎	○	◎
耐酸性	○	◎	◎	○	◎
耐溶剤性	△	△〜○	△〜○	△〜○	○
耐熱性	60℃（3 mm）	90℃	95℃	80℃	100℃（6 mm）
臭気	ほとんどない	強い	強い	強い	ほとんどない
下地追従性	△	△	△	○	○
清掃性（表面仕上げ）	○	◎	○	◎	△〜○
補修性（ウエット床）	○	×	×	×	◎

［出典　高橋賢祐（2014）：食品工場の床①食品工場における床材選定のポイント，食品工場長，No.206］

4.3.2 壁面仕様の設定

〈壁面仕様を設定する条件設定の内容確認事項〉
- 製造使用調味料の成分分析（糖分，塩分，酸，油，香辛料，化学成分など）
- 清掃時の洗浄剤成分，殺菌剤成分分析
- 製造機器の分析（発生温度，排水温度，発生油煙，発生蒸気など）

・室内温度設定条件及び湿度設定条件

　これらの内容確認と製造作業工程において，壁材仕様を作業室ごとに検証し決定する．壁材仕様は，防黴仕様とし現場塗装を避け塗装仕上仕様（プレコート仕様）を選定する．現場塗装は，塗装臭気が残り製品に塗装臭が付着する恐れがある．また，現場塗装は台車などの衝撃に対し，塗料片が原材料・製品に付着し異物混入の要因につながる．壁材には，耐水性，耐熱性，平滑性，防塵性などの性能が要求される．

参考：壁材仕様として
　窯業系と鋼板系が一般仕様であり，上記に要求される性能を満足する．窯業系として，化粧珪酸カルシウム板（目地は防黴シーリングを施す．）が一般仕様であるが，衝撃には弱いので台車などを使用する作業室には衝撃防止用ガードなどの設置が必要となる．鋼板系は化粧ガルバニウム断熱パネルがあり，設定室内温度に対しパネル厚種別に対応する．鋼板系はステンレス鋼板仕様，荷摺木仕様，耐火仕様など多彩な種類がある．
　幅木仕様も形状がR幅木の既製品（アルミ製，ステンレス製，プラスチック製など）と，現場で無伸縮モルタルでR形状施工し床仕様に準じる施工を施すなど多彩な種類がある．また，高圧・高温殺菌洗浄を要求される施設には床・壁・天井の6面洗浄を要求される場合もある（写真4.3）．

写真4.3　清掃性を考慮したステンレス床・壁・天井（6面洗浄）事例
（資料提供：大和ハウス工業株式会社）

4.3.3　天井面仕様の設定

〈天井面仕様を設定する条件設定の内容確認事項〉
・製造時に使用する調味料の成分分析（糖分，塩分，酸，油，香辛料，化学成分など）
・清掃時の洗浄剤成分，殺菌剤成分分析
・製造機器の分析（発生温度，排水温度，発生油煙，発生蒸気など）
・室内温度設定条件及び湿度設定条件

　これらの内容確認と製造作業工程内容にて，適材仕様を作業室ごとに検証し天井材仕様を決定する．天井材仕様は防黴仕様とし，現場塗装を避け塗装仕上仕様（プレコート仕様）を選定する．現場塗装は，塗装臭気が残り製品に塗装臭が付着の恐れがある．また，現場塗装は塗料

経年劣化による剥離で，塗料片が原材料・製品に付着し異物混入の要因につながる．
　天井材には，耐水性，耐熱性，平滑性，防塵性などの性能が要求される．

　参考：天井材仕様として
　窯業系と鋼板系が一般仕様であり，上記に要求される性能を満足する．窯業系として，化粧珪酸カルシウム板（目地は防黴シーリングを施す．）が一般仕様である．鋼板系は化粧ガルバニウム断熱パネルがあり，設定室内温度に対しパネル厚種別にて対応する．鋼板系はステンレス鋼板仕様，荷摺木仕様，耐火仕様など多彩な種類がある．廻縁仕様も既製品（アルミニウム製，ステンレス製，プラスチック製など）と，現場にて防黴シーリングで施すものなど多彩な種類がある．

4.3.4　清　掃　計　画
(a)　清掃範囲
　・外部清掃：植栽の剪定，舗装清掃，雨水排水溝・枡の清掃，屋根・雨樋清掃等
　・内部清掃
　　　一般区域：共用部・専用部の範囲
　　　衛生作業区域：製造作業室と保管庫の範囲
(b)　清掃頻度　清掃頻度は食品衛生法衛生規範により基準が設定される．
　・日常清掃：清掃時間帯の設定
　・定期清掃：定期清掃のスケジュール設定
(c)　清掃内容
　・清掃部位の設定：床，壁，天井，機器，排水溝・枡など
(d)　清掃方法
　・ドライ清掃：清掃対象室の範囲を設定．フォーミング洗浄，ジェル洗浄が望ましい．
　・ウェット清掃：清掃対象室の範囲を設定
洗浄剤には無機系と有機系とがあるが，食品に付着してはいけないものがほとんどである．したがって，洗浄剤は洗浄終了後リンス（水洗い）によって完全に除去しなければならない．洗浄作業により，室内湿度上昇による結露発生が予想されるので，必ず，換気を十分にとり表面乾燥までさせて結露防止に努める．内部結露防止のため，24時間換気とする防露対策も必要となる．
(a)　洗浄剤・殺菌剤の種類
　・洗浄剤の種別：中性，酸性，強アルカリ性，アルカリ性
　・殺菌剤の種別：アルコール系，次亜塩素ソーダ液，ガス系
(b)　清掃用具及び洗浄剤・殺菌材の保管
　・清掃用具の保管場所・種別
　・殺菌材の保管場所・種別
　上記の清掃項目を製造稼動前までに検討し，清掃計画書を作成する．これに基づき，製造稼動後は，清掃作業の実施後に清掃記録を取り，このとき，洗浄剤及び殺菌剤の使用量をも記録することにより，日常清掃・定期清掃の清掃実施状況が確認できる．また，清掃前後の落下菌数を検証することで作業室の衛生度確認と清掃計画を見直す判断資料となる．

4.3.5 洗浄・排水計画

(a) 床排水の系統

床排水の系統は，衛生作業区域ごと外部排水枡に接続し，排水順位を下記に示す．

　　　　清潔作業区域　→　準清潔作業区域　→　汚染作業区域

外部排水枡は封水仕様とし，排水管への外部空気を遮断し防虫・防そ（鼠）対策とする．また，油成分廃液は外部に油水分離槽（グリストラップ）を施し，排水環境の保持に努め，各都道府県・市町村の排水基準に対応しなければならない．

(b) 床排水の水勾配

ウェット床の排水勾配は，水溜りのできにくい1/100～1/50勾配とし，10m四方の格子状に設定し中央部に排水枡を計画，水上は間仕切位置（BM±0）に設定する．

(c) 排水溝・枡の水勾配

排水溝水勾配は1/50勾配とし，流速の速い平滑仕様（ステンレス半円溝，コンクリート二次製品U字溝，現場施工コンクリート溝など）を用い，食品残渣などが貯まらないRコーナーを施す．排水溝水下端部には食品残渣回収籠を設置し清掃時に廃棄物処理を行う．

また，グレーチング重量の確認も必要である．最近は，作業室清掃従事者が女性のケースが多く見受けられるので，重量物であるグレーチング移動は女性には難題となり，不十分な洗浄となり得るので洗浄作業に適した重量及び寸法の検討が必要となる．排水枡グレーチングにおいても同様である．

排水溝・枡の設置位置は製造機器配置と作業動線・台車動線の関係を考慮し，製造作業の安全性及び清掃の確実性を検証する（写真4.4）．

(d) 洗浄水栓及び洗浄ホース（写真4.5，写真4.6）

専用洗浄水栓を設置し，上部に洗浄ホースをフック掛けし，床にトグロ状にしない．床洗浄は壁側より作業室中央に散布し，隣室への汚染水の流入を防ぐ．流入対策として出入口下部に排水溝を施し隣室への汚染防止を図る．

4.4 作業区域の温度管理（低温仕様作業室）の検討

昨今の食品産業における事件や事故で，今まで考えられなかったような意図的な異物混入，企業ぐるみの食品偽装，管理不足によるミス等が多く見受けられるようになった．また，食中毒が起因する事故についても，腸管出血性大腸菌やノロウイルスといった感染症や伝染病と同じくらい厳密な衛生管理や品質管理が求められる事例が数多く報告されるようになった．このような変化の大きな状況下で，安全な食品を製造し，安心を勝ち取る工場を実現するには，ソフト面での管理の重要性も去ることながら，ハード面での支援も欠かせない．

ハード面の支援で重要な要件の一つに，交差汚染の防止（ゾーニングや動線管理，ドライ化など）や製造環境の温度管理がある．特に製造環境の温度管理は，商品の温度上昇を防止することを目的としているので，作業速度や加工場での放置など，温度管理のできた保管状態（冷蔵庫や冷凍庫）以外の環境でも，空調等で温度管理ができるようにハード側で支援することになる．本節では，重要な要件の一つである"工場の温度管理（特に低温仕様）"のポイントを記述する．

4.4 作業区域の温度管理（低温仕様作業室）の検討

床の非ドライ化の現状
調理作業台

作業台から水分が落ちて，常に床が濡れている．

床のドライ化の改善
ドライ化調理作業台

排水穴より会所へ放流

ドライ調理台を使用することで，ドライ化を図れる．

グレーチング排水溝

排水溝に常に水が溜まって，溝蓋も重く掃除しづらい．

ステンレス排水会所（枡）

調理台の排水口より会所に排水．

写真 4.4 床のドライ化の改善策事例

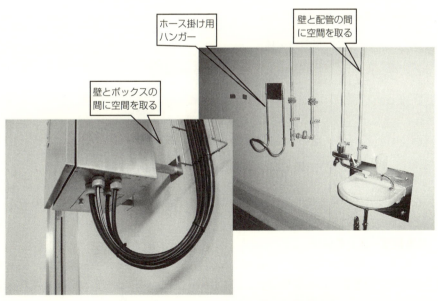

壁とボックスの間に空間を取る

ホース掛け用ハンガー

壁と配管の間に空間を取る

写真 4.5 スイッチボックス・配管・配線事例
（資料提供：大和ハウス工業株式会社）

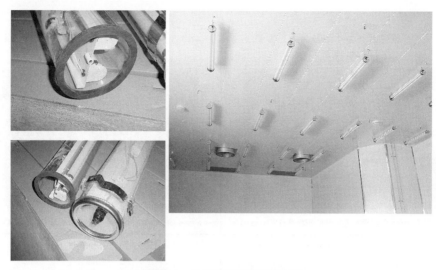

写真 4.6 洗浄可能照明器具事例

(資料提供:大和ハウス工業株式会社)

4.4.1 温度管理がなぜ必要? 低温化がいいのか?

食中毒の原因は,昔も今も共通する部分があり,生物的危害要因に起因するケースがほとんどである.しかも,原材料由来もしくは交差汚染により微生物に汚染された食材や半製品が,不適切な温度管理によって,事故が起こるケースが多く見受けられる.そのため,他の産業とは異なり,食品産業における品質管理は,大きく

① 衛生管理(交差汚染,異物混入対策)
② 微生物制御

という二つの項目に傾斜している(図 4.13).

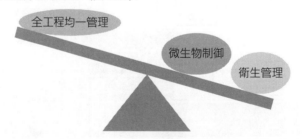

図 4.13 食品工場の品質管理傾向

では,なぜ温度管理が重要で,更には製造環境でも低温化することが重要になるのか.まとめてみると以下の二つの理由が考えられる.

(1) 健康被害リスクの減少

食品由来の重大な被害の一つに"食中毒による健康被害"がある.食中毒には,微生物やウイルス,寄生虫等を総称した微生物由来によるもの,フグやキノコ類に代表される自然毒によるもの,残留した農薬や抗生物質等による化学物質によるものなどがある.その中でも,微生物由来による食中毒は,患者数・事件数ともに,毎年全体の約 90%を占めていることが,過去の統計データ[1]からも明らかになっている.このような事実から,微生物由来による食中毒

は，食品安全を考える上で特に重要な危害要因の一つであることがわかる．

微生物由来の食中毒を防ぐ基本的な予防法は，食中毒予防の3原則[2]である"つけない"，"増やさない"，"やっつける（殺す）"になる．その中でも"増やさない"ための方策として，保管庫や作業室における温度管理が有害微生物の増殖を抑える最重要の管理項目となる．

常温の環境下で，温度管理が必要な食品（冷蔵品，冷凍品など）を放置しておくと，品温の上昇とともに多くの有害微生物が増殖を始め，品温が常温（＋25℃）に近づくにつれて，増殖速度も加速していく．したがって，作業場自体を低温管理し，しかも冷蔵温度と同じ＋10℃以下の環境が実現できれば，増殖の至適温度から外れ，増殖速度が極端に遅くなる温度帯となる．しかし作業室は，作業員が作業できなければ成り立たないので，作業のできる温度域の模索や作業員の防寒，ドラフト（風の流れ）をなくして体感温度を緩和するなど，各種の方法の検討が必要になる．

一方，有害微生物の増殖防止温度の目安は，＋10℃以下で病原大腸菌やウェルシュ菌の増殖が阻止され，＋5℃まで下げれば腸炎ビブリオ，サルモネラ属菌，黄色ブドウ球菌，セレウス菌の増殖をも阻止することができるといわれている．また，ボツリヌス菌，ウェルシュ菌といった芽胞形成菌は，加熱による死滅が難しく，毒素産生により，命に関わる被害にまで発展する可能性が高くなるので，増殖抑制のための温度管理（低温管理）がより重要になる（表4.5，図4.14）．

表4.5 食中毒菌の増殖温度帯

食中毒菌	生育温度帯(℃)	増殖至適温度(℃)
腸炎ビブリオ	5～45	35～37
サルモネラ	5～46	37
カンピロバクター	30～47	35～43
黄色ブドウ球菌	6.5～48	35～37
腸管出血性大腸菌	2.5～45	35～40
リステリア	3～44	30～37
セレウス	6～48	28～35
ボツリヌス	嫌気性	嫌気性
ウェルシュ	10～50	43～45

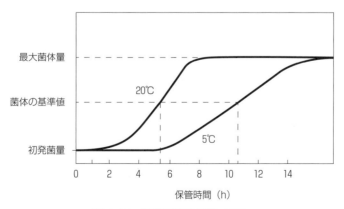

図4.14 温度別菌数増殖モデル

(2) 品質の向上

　温度管理が必要な食品全般に言えることだが，食品を取り巻く周辺温度が急激に上昇すると，品質が劣化する．また，温度変化が起こると，同時に気圧の変化も起こる．食品を取り巻く環境の気圧が急激に変化すると，食品中の水分が蒸発（冷凍の場合は昇華）してしまい，食品中の水分含有量が低下する．その結果，製品の酸化を促進し，退色・変色が更に進むことになる．特に青果物においては，酵素の活性化によって，呼吸量や呼吸熱が上昇し，想定以上の鮮度低下が起こる．

　ゆえに，低温での温度管理は，食品にとって衛生管理・品質管理上，大変重要となる．次項からは，各々の温度域（低温域）での施工上の注意事項，保管と（急速）冷却との違いなど，工場建設に携わる設計・施工業者の視点で，いくつかのポイントを解説する．

4.4.2 低温管理を必要とする各々の温度域での注意事項

　食品には，冷凍食品，チルド食品，冷蔵食品，常温品等さまざまな商品群が存在する．また，製造方法や工程，保存方法によって，室温や部屋の仕様，構造は変わる．ここでは，低温管理を必要とする環境や構造の留意点について説明する．

(1) 冷凍庫（冷凍保管庫）

　冷凍保管の温度条件は，食品衛生法上の保存基準では－15℃以下となっているが，冷凍食品の定義では，品質を考慮して－18℃以下での保管を推奨している．

　食品工場での冷凍保管庫を施工する場合，最も考慮するポイントとして，床面仕様について考える必要がある．なぜなら，食品産業関係者の認識は，プレハブ冷凍庫をイメージしていることが多く，安易に考えられているからである．プレハブ冷蔵庫の場合，床面に断熱パネル［詳細は4.4.3項（2）参照］を利用しているので，床面への配慮はそれほど必要ではない．

　しかし，建築物内に設置する築造型の場合，床面のコンクリートの下に温度帯に応じて断熱材を一面に敷き詰めるが，それ以外に床下凍上を防止するために，空気の通気配管（凍上防止管）を設置する必要がある．これを怠ると床面が盛り上がり，ヒビ（クラック）が入る可能性があり，衛生管理や防虫管理上の問題となる．

　また，出入口付近の床面では，保管庫外部の熱が伝わり，床面に結露を発生し凍結することがある．それを防ぐためには，入口付近の床にヒーターを埋め込む等の施工を実施し，外気温と床の温度差をなくすことが必要になる．

　これらの対策について，施工業者からヒアリングがない場合は，施主側から確認，もしくは提案することが重要となる．

　上記を含めた，冷凍庫・冷凍保管庫に関する留意点を以下にまとめる．

①　冷凍庫は，品質まで考慮して，冷凍食品の温度条件－18℃以下を採用すること．
②　築造型の冷凍庫の場合は，床面へのヒビ（クラック）防止のため，断熱だけでなく，凍上を防止することも考慮すること．
③　築造型の冷凍庫の場合は，結露や凍結防止のため，出入口付近にフロアヒーターを設置すること．

(2) 冷蔵庫（冷蔵保管庫）

　冷蔵保管温度条件は，食品衛生法上の保存基準では＋10℃以下となっているが，低温管理が必要な食品を製造している食品工場の場合，チルド温度帯といわれる±0℃～＋5℃での設計を

推奨している．ここで，注意しなければならないことは，野菜や青果物の一部（例えば，夏季青果物や熱帯原産品）で低温障害が発生する品種もあるので，十分なヒアリングが必要となる．

一方，ハード側の設計や施工方法については，冷蔵庫用の材質を選定すれば難しい部分は少ない．ここで，検討が必要な事項は，冷蔵温度帯（＋10℃以下）の場合，コストの問題で床面の断熱を採用しない場合もあるが，湿度が高い空気が流れ込むと，結露によってウェットな状態になってしまう．これを回避するために，少々コストが上がっても，長く使えるように床面の断熱施工を推奨することが多い．

(3) 急速冷却庫及び急速凍結庫

急速冷却庫及び急速凍結庫は，ハード上の材質の選定や施工方法については冷蔵庫，冷凍庫と基本的には変わらない．しかし，冷却機器の選定については，保管とは異なる条件設定や仕様が必要となる．

保管庫の場合，商品は，既に仕様温度まで品温が下がった商品が入る条件になっており，いわば"商品の温度保持"を目的としている．一方，急速冷却（もしくは急速凍結）の場合，この部屋に入る商品は，目標よりも高い品温で入り，この部屋で熱交換させ，品温を下げることを目的としている．いわば"積極的に冷却する"ことを前提に，詳細に熱量の負荷計算をする必要がある．

ここで認識すべきことは，"保管"と"（急速）冷却"では設計条件が異なることである．もし，低温保管庫に品温＋25℃の商品を入れ，品温±0℃に冷却したい場合，保管庫には急速に冷却する性能（能力）はなく，長時間保管によって目標品温に下がるのを待つしかない．その場合，微生物の増殖温度帯をどれくらいの時間をかけて通過するかわからないので，食品安全リスクが高まる．なぜなら，微生物は対数増殖期と呼ばれる期間で急速に増殖するからである．特に日配品やチルド食品などのように消費期限が短い食品は，初発菌数のコントロールが必須になるため，ハザード分析した場合，急速冷却（急速凍結）工程はCCP［Critical Control Point：必須（重要）管理点項目］になる可能性がある．そのため，急速冷却，急速凍結は，有害微生物の増殖を防止するために最も重要なポイントの一つだといえる．

(4) 低温作業室

作業室は，食材が長時間滞留する可能性のある場所である．常温（＋25℃前後）に置いておくと，有害微生物の種類と初発菌数によっては，2時間程度で食中毒の発症可能な菌数にまで増加する場合がある．その対策として，作業室内も低温環境にすることで，微生物の増殖を抑える方法が採用されるようになってきた．最近の工場建設では，微生物の増殖至適温度を避けて，作業室室温を＋8℃〜＋10℃の仕様で建設することが多くなったが，中には，食中毒菌のほとんどが増殖停止する＋4℃程度の低温で設計する例も出てきている．これらの温度帯は，商品の安全性や品質を守る上では非常に有効だが，＋10℃以下の環境では，作業者にとって厳しい作業環境になるので，特に低温管理が必要な作業室以外は，＋15℃以下や＋18℃以下になるような設計をしている工場もある．

(5) 解凍庫

原材料として，冷凍品が使われることは少なくない．冷凍品の場合，加工する際には，解凍が必要になる．解凍は，個体間にばらつきなく，所定の品温まで昇温させることが重要になる．水の凝固時と比較して，水の融解時の比熱は2倍になり，熱伝導率は1/3〜1/4に減少する．そのため，解凍は，冷凍よりも時間を要するので，畜産等の場合はドリップの流出にも気を付

ける必要がある．

解凍の方法はさまざまだが，解凍後製品の常温放置や間違った解凍方法の選択等，解凍工程での不適切な作業は，有害微生物増殖の原因になる．そのため，製品に応じた適切な管理が必要となる．さらにHACCPでは，ヒスタミン（加熱による防止はできない．）を生成する魚類を解凍する際は，解凍工程がCCPになるケースが多い[3]．

解凍方法の例を幾つか挙げるので，工場建設の際には，コスト面を検討しながら参考にされたい．

① 常温＋送風

最もコストかかからない方法だが，ドリップが多く流出するため，品質は悪くなる．また，解凍品の温度コントロールができないため，衛生管理上の問題も起こる可能性がある．

② 高周波（マイクロ波）

高周波により，水分子を振動させ，そのとき生じる熱により解凍する．分子の動きが重要になるので，品温が極めて低い食品の解凍では，解凍ムラが生じやすい．

③ 遠赤外線（低温下）

食品の芯から解凍することが可能なので，解凍ムラを防ぐことができる．

④ ステップ解凍（低温下）

解凍されている製品の品温に応じて，庫内温度（＋10℃以下）を変化させるので，ムラのない解凍が可能となり，ドリップの流出も最小限に抑えられる．また，微生物増殖のリスクも最小限となる．

上記以外にも，解凍方法は幾つかあるが，工場の内容や製品の特性に合った解凍方法を見極めることが大切である．

(6) ゴミ保管庫

食品工場で発生するゴミには，生ゴミや包装資材のロス，缶・ビン等の容器廃棄物などがある．特に下処理工程等から発生する生ゴミは，常温で放置しておくと，腐敗することが多く，害虫や有害小動物の発生原因になり，微生物汚染の温床にもなる．そのため，最近はゴミにも温度管理をすることを推奨している．ゴミ保管庫は，生産に直接関わる場所ではないが，そこから微生物や害虫が作業室内に進入する可能性は十分考えられる．これらの発生を防ぐためには，部屋を隔離し，低温管理（おおむね＋15℃以下）する必要がある．

ゴミ保管庫に関するポイントを以下に記す．

① ゴミ保管庫は，密閉性も考慮した冷蔵庫仕様とし，おおむね＋15℃以下にすること．

図4.15 工場内の温度設定の例

② ゴミ保管庫の設置場所は，製造エリアから隔離すること．

4.4.3 低温化を実現するハード

冷凍庫，冷蔵庫をはじめ，作業室を含んだ低温化の実現は，ハード面での支援が欠かせない．作業室の低温仕様（おおむね+15℃以下）へ導く冷却設備だけでなく，施設面でも結露防止，凍上防止のため，通常の仕様では耐えることができない．

ここでは，食品工場で，最適な低温環境を実現するためのハードとして，低温環境を作り出す設備面（冷却設備・冷却機器）とその低温環境を保つための設備面について説明する．

(1) 設備面：冷却設備・冷却機器類

冷蔵庫や冷凍庫，低温仕様の作業室では，要求された温度を実現するために，冷却設備・冷却機器を設置する．普段の住環境でたとえると，生活していく上で快適な室温（通年で+25℃前後）の実現のため，空気調和機器としてエアコンを設置することと同じである（図4.16）．

冷却するための機器は，冷媒の状態変化による熱交換を利用して，低温の環境を獲得している．その中でも，住環境に採用する冷媒や，冷凍庫や急速凍結庫のような−15℃〜−35℃の環境温度を実現するための冷媒等，要求の温度帯や用途に応じて，最適な冷媒が採用されている．現在，実用化されている冷媒は，主にフロン類の冷媒が利用されているが，オゾン層の破壊がない（オゾン破壊係数：0）"新冷媒"に移行している．しかし，その新冷媒も地球温暖化係数が0ではないので，更なる研究開発が求められている．その一方で，自然冷媒としてアンモニアが再度採用される流れがあるが，可燃性及び毒性ガスである上，最近，立て続けに事故を起こしているため，積極的な採用がなされていないのが現状である．

冷却設備・冷却機器は，冷却するシステムとして，冷媒を圧縮して状態を変化させるための高圧機器と，目的温度にするための熱交換器（低圧機器）の大きく二つの機器で構成されている．住環境のエアコンでたとえるならば，室内にある"室内機"が低圧機器，"室外機"が高圧機器になる．

食品加工場の冷却設備で特徴的な仕様としては，低圧機器である室内機（クーラー）を日々もしくは定期的に洗浄する，ということである．従来の室内機の構造は，熱交換の効率とコス

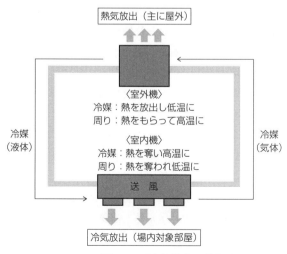

図4.16 冷気放出の仕組み

写真 4.7 室内機（開放前）　　　　写真 4.8 室内機（開放後）

トを追求するために室内機が小型化していく傾向にある．一方で，熱交換部分が小型化された分，汚れが溜まりやすく洗浄しにくい構造となり，衛生管理上，相反する現象が起きている．

そのため，このような課題に対応すべく，最近では，機器の側面や前方面が開放する室内機（写真 4.7，写真 4.8）等が開発されており，洗浄性が向上し，衛生的な使用が可能となっている．

また，＋10℃以下の低温環境を実現するためには，冷媒や熱交換部分と 10℃以上の温度差をつけて冷却するため，機器はマイナス温度で運転される．その結果，低圧機器側の熱交換部分に霜が付着し，熱交換が上手く行えず，環境が低温にならないことがある．この現象を解消するために除霜のシステム（デフロスト）を導入する．これは，作業室の仕様や用途によって，ファンだけを回す方式（オフサイクル方式），高温状態の冷媒を用いる方式（ホットガス方式），散水式，電気ヒーター方式などがあり，確実に除霜を行うことで，低温環境を維持することができる．

(2)　施設側：断熱パネルの採用（図 4.17，写真 4.9）

密閉された環境を低温化していくと，常温（外気温）との温度差が生じ，相対湿度が 100％を超えた温度域から結露が発生する．一方，冬季になると，外気温が＋10℃以下になることもあるため，作業室よりも外気温が低くなる．その際，障壁自身の表面に結露が発生する．冷たい飲み物を飲むとき，コップや缶の表面が結露により濡れる現象が身近な例である．

しかしながら，食品加工場において，結露には空中に浮遊する微生物や塵が含まれるため，交差汚染の温床となり，潜在的な危害要因の一つと位置付けられている．そこで低温作業室では，結露を防ぐために断熱施工を施す必要がある．その手段として，従来，プレハブ冷蔵庫や冷凍庫に使用する断熱パネルを採用することが多い．

断熱パネルとは，従来の壁面や天井面の裏側への吹付発泡やグラスウール施工等の断熱施工を簡素化するために，薄板で断熱材（硬質ポリウレタン）をサンドイッチ状に挟み込みプレハブ化された材料である．断熱材の厚みは，温度帯によって異なるが，低温作業室には，主に冷蔵庫で採用する 42 mm 前後の断熱パネルが採用されている．

また，断熱パネルの表面は，清掃や水洗いを想定しているため，ステンレスや塗装鋼板，耐塩仕様のための塩化ビニールシートを貼っている表面材などがある．近年では，工場の建築資材の一部として利用するため，耐火・準耐火パネル等，建築基準法や防火区画に適用できる素材も登場している．

断熱パネルが採用される最大の要因は，なんと言っても，施工性の良さと密閉度の高さ（完

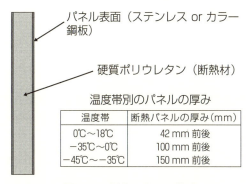

図4.17 断熱パネルの構造

写真4.9 断熱パネルでの施工事例

成度の高さ）である．近年では，食品加工場でも改修物件（住宅でいうリフォーム物件）が多く，しかも製造の合間や夜間を利用するような時間的に厳しい要求が少なくない．その中で断熱パネルは，プレハブ化された材料なので，工期を短縮でき，食品工場の要求にマッチングした材料といえる．また，防水性や洗浄性にも優れているため，衛生度の高い環境が維持できる（4.3.2項及び4.3.3項参照）．

ここで紹介した設備面，施設面に付随して，冷蔵／冷凍仕様のシートシャッターや，製品の急速冷却／凍結を実現するフリーザー等も開発されている．これらは，上手く使えば，確実に品質管理や衛生管理の手助けになる．

本節では，食品工場における施設設備面での温度管理，低温管理のポイントについて解説した．

温度管理が必要な原材料，半製品，最終製品などの食材は，保管だけでなく，製造に関わるすべての作業室で，作業効率や作業速度と並行して温度管理（低温管理）が必要である．特に保存基準が定められた食品は，食品衛生法での法令遵守もさることながら，衛生管理，品質管理上の理由で，他の管理項目と重複させることによって商品を安定的に維持できる項目も含まれている．

例えば，アイスクリーム類は，乳等省令で期限（期限表記）及び保存方法の省略が認められている．その理由として，一般的な冷凍の保存基準−15℃以下ではなく，業界団体が賞味期限表示に代えて"要冷凍（−18℃以下保存）"等と表記することとし，−18℃以下を奨励しているためである．このとき，業界団体は"保存中の変化は極めてわずかであり，人の健康を損なうような危害の発生は考えられないこと"[4]及び"原料の品質基準が乳等省令で厳しく規定されているので，安全で，長期間品質劣化しないこと"[5]をその根拠としている．もちろん，前者の項目のように衛生管理上の理由もあるが，後者の項目のように，法令や業界で定められた基準によって品質管理が可能であることを挙げている[4]．

食品工場の運用は，いろいろな管理システムをベースとしたソフト管理が重要となるが，温度管理，低温管理については，ハード側への依存度が極めて高い項目の一つだといえる．例えば，温度管理の基準を"−20℃以下の管理"としても，ハード側の冷却能力が経年劣化も含めて，−15℃までの冷却能力しかなければ，どんなに冷風の通り道や在庫量をコントロールしても，物理的に不可能である．

いずれにしても，この他のハード側の能力への依存度の高い項目も含めて，"最低限の設備

投資"とは,その部分を指すと認識していただければ幸いである.

4.5 製造機械・器具の計画

HACCP対応やFSSC 22000対応などの食品衛生管理の高度化のためには図4.18のような設備などが提唱されている.ここでは,その中の製造機械・器具の配置などについて紹介する.

4.5.1 食品製造機器の配置

食品の製造過程における,食品に起因する衛生上の危害の発生防止と適正な品質の確保を図るために,交差汚染防止を目的とした一方向ラインの機械器具配置を行う.製造機器の配置は,製造内容で異なるが,大別するとセンター(中央)方式とウォール(壁側)方式の2種類と考えられ,製造規模により機器配置の検討が必要となる.

(a) センター(中央)方式(写真4.10)

センター方式は製造機器の四面から機器点検が可能で,メンテナンス面及びレイアウト面の変更に対応がしやすい.また,連続作業に適しており,作業工程及び作業従事者の重複動線が軽減され製造効率の向上につながる.作業通路などが十分に取れ作業室全体として整然とした配置ができる反面,作業室面積が広くなる.製造機器が中央配置のため,壁面の清掃等がスムーズに遂行されるので作業室の衛生環境が常に保たれる利点がある.

(b) ウォール(壁側)方式(写真4.11)

・**施設整備のポイント**
　食品の製造過程における,食品に起因する衛生上の危害の発生の防止と適正な品質の確保を図る.

－機械・装置の配置
　・交差汚染防止(一方向ライン)

－作業区域の分離
　・作業過程区域別に隔壁の設置
　　(ゾーニングの確立)

－監視制御装置
　・記録の管理

－排水設備
　・衛生環境整備
　・封水トラップによるそ(鼠)族昆虫などの侵入防止

－空調設備
　・非汚染作業区域の清潔な空気を保つ
　・室温管理の徹底
　　(温度管理と気流制御の確立)

－エアーシャワー設備
　・作業衣の埃・毛髪の除去
　・作業従事者の入退動線

－手指洗浄器の設備
　・二次汚染の防止

－靴底殺菌の設備
　・二次汚染の防止

－ドックシェルター
　・そ(鼠)族昆虫等の侵入防止
　・室温管理,製品温度管理の徹底
　・保冷車用電源(スタンバイ)の確保

エアーシャワー

手指洗浄

靴底殺菌

ドックシェルター

図4.18 食品衛生管理の高度化のために
(資料提供:大和ハウス工業株式会社)

4.5 製造機械・器具の計画

写真 4.10　センター方式配置事例
(資料提供：大和ハウス工業株式会社)

写真 4.11　ウォール方式配置事例
(資料提供：大和ハウス工業株式会社)

ウォール方式は前面からの機器点検が可能でメンテナンス作業などを行いやすいが，機器レイアウト変更など対応が難しい面があるので初期機器配置段階において十分に機器配置図の（机上）検討を行う必要がある．連続作業には不向きであるが単作業には適し，小規模作業室には適している．しかし，作業通路と作業従事者との重複動線となることが多いので，動線面での安全性を確保する必要がある．

製造機器が壁側に設置しているため，壁面清掃が不十分となり，壁面にカビ（黴）・結露の発生する要因ともなるので注意が必要である．

上記のようにメリット・デメリットがあるので，作業室ごと作業工程・内容によって機器配置を計画し対処する．また，将来の目標製造計画が明確化されている企業は増床計画をあらかじめ配慮し，増床時・機種変更時・機種交換時などの機器搬出入経路（マシーンハッチ及び脱却間仕切りなど）の確保などの検討も必要である．

4.5.2 輸送機器・搬送機器

輸送機器及び搬送機器は法的に制約事項があり，使用方法及び機器性能など機器取扱いの認識をする必要がある．

参考として，荷物用エレベーターは荷物専用なので作業者の乗り入れ昇降は禁止されており，作業者が同乗した荷物移動が必要なときには，人荷用エレベーターの設置となる．荷物用と人荷用では，安全装置機構が異なるので工事費の幅がかなり違ってくる．ダムウェーターは荷物専用であり，籠面積1㎡以下での設置となるので荷物の大きさに制約がある．また，垂直搬送機は荷物専用で連続搬送に適しているので，梱包品大量輸送など上層多層階施設に対応できる．

作業室内輸送として，フォークリフトを使用する留意点として，充電式仕様とし作業室内専用車両と位置付け外部使用は行わない．バッテリー充電は必ず充電専用室で行う．充電時にガス発生のため，換気設備など施し安全対策に考慮する．

4.5.3 食品に直接接触する面管理

食品の二次汚染要因である次工程への受渡し時の衛生面が重要なポイントとなるので，次工程の受渡し方法について下記に示す．

　　下処理済原材料（汚染作業区域）　→　加熱調理室（準清潔作業区域）受入れ
　　最終加熱殺菌調理品（準清潔作業区域）　→　盛付包装室（清潔作業区域）受入れ

上記の→位置にパスボックス（冷却を兼ねる）を配置する（図4.6参照）．

パスボックス（PB）は次工程への受け渡しを行う一時保管とし，入庫出庫時には同時開放のできない扉を設けることにより二次汚染防止対策となる．食材の受渡しは，作業者から作業者への直接受渡しをするのではなくワンセクションを介して行うことで食材の衛生面及び作業室の衛生環境が保たれる．異なる衛生レベルの作業室への食材・包材・作業従事者などの移動も受渡し時の作業基準を明確にすることで二次汚染防止対策となる．

最後に施設計画業務フローである．企画〜基本設計〜実施設計〜施工〜運用に至るさまざまな項目を参考のためまとめておく（図4.19）．

図 4.19 施設計画業務フロー事例
(資料提供:大和ハウス工業株式会社)

4.6 従業員関連施設の計画

4.6.1 これまでの食品工場建設における従業員関連施設計画

これまでの食品工場の多くは,いかにコンパクトに計画するかということに主眼が置かれる傾向にあった.製造工場の単位面積当たりの生産量が高い工場が優良な施設であると考えられてきたからである.そのため,製造に供する部分(製造室)については,必要な面積や容積を確保することを前提に計画は進められたが,それ以外の部分については,いかに面積を小さくするかということが,計画のポイントとされてきた.そこで,従業員が出勤し作業衣に着替え,製造室に入室するまでの部屋の数をできるだけ少なくしたり,面積を小さくすることが重要とされてきた.

また,製造室においても余分なスペースはできるだけ少なくするということで,製造機器の配置はできるだけコンパクトにするように計画されている.そのため,現在,多くの工場で次のような悩みが生じている.

① 製造ライン間の間隔が少ないため,資材などの運搬時に不都合が生じる.
② 物が置いてあり,通行の妨げになる.
③ 機械の裏側に回れないので,清掃するのが困難である.
④ 機械の点検がしづらい.
⑤ 稼働中の機械の側を通らなければならないため危険を感じる.

これらの内容は,既存工場の点検に入った際,多くの工場で感じることである.作業時の安全性確保の面からも問題があるが,衛生面からの課題も大変大きなものがある.今後,一考を要する課題である.

本項では，従業員関連施設の計画を主題として，これまでの食品工場計画の進め方や既存の施設における問題点についてもう少し明確にしておきたい．従業員が出勤し製造室に至る動線の中にいくつの部屋があるかを考えていただきたい．

① 出勤したとき，従業員の玄関口はどのようになっているか．外靴から内靴やスリッパなどに履き替える場所は確保されているか．
② 出勤してきたときの外着（冬など寒い時期のコートやスーツ上着など）を脱いで保管する場所は確保されているか．
③ 昼食の弁当などを自宅から持ち込んだ際，保管しておく場所は確保されているか．
④ 私物（自宅の鍵，車の鍵，時計・指輪などの装飾品，タバコなどの嗜好品など）を保管しておく場所は確保されているか．

これらの必要場所を考えたとき，いくつの部屋があるだろうか．製造室に入る直前の更衣室の衣服用ロッカーが，上記①から④までのすべての保管場所になっていないだろうか．

食品工場の衛生管理の面から考えても製造室に入る際は，作業者は清潔であることが普通で当たり前でなければならない．作業者だけでなく，そこに勤める従業員全員が，工場に出勤してきたときの衛生管理レベルを同じにすることを重要視しなければならない．"100人の内のたった一人でも衛生管理が不十分であったなら，その企業の衛生管理の安全性はゼロである."と言われていることを肝に銘じることである．

上記の例で言うならば，

①外靴から内靴やスリッパなどに履き替えるスペースの確保．これは通路のほうがよい．外靴を保管する場所と内履きを履く場所は別にするほうがよい．

②から④については，休憩室，食堂などにそのスペースを設けることである．喫煙室の設置も重要である．分煙化は，今後避けて通れないことであるが，喫煙者が休憩時には自由に喫煙できる場所を提供することも必要である．工場を訪問したとき，屋外でタバコを吸っている光景を目にすることがあるが，どうかと感じるのは筆者だけであろうか．"人を大切にする"という観点からも考えなければならないことである．

①から④の保管場所を設けるだけで製造室直前の更衣室に入るときの持ち物を想像していただくと作業に必要な物以外は，何も持っていないことに気付かれると思う．作業者の衛生管理マニュアルによく記載されている"作業室に持ち込んではいけない物"がすべて製造区域外に保管できていることになる．

"製造室直前の更衣室のロッカーに私物を保管していませんか？ なぜ，そこに保管するのですか？"という問いかけに対する回答は"そこにしか保管する場所がないから"が大部分であることが，従来の施設計画の根本的な問題である．今後の施設計画をする上で，重要なことを次項に示す．

4.6.2　食品工場の新たな課題——フードディフェンスへの対応

"フードテロ"という言葉を聞かれたことと思う．テロ（テロリズム：terrorism）そのものは"人は常に正しい行動を取る"という性善説で活動してきた日本においてはほとんど起こりえないことであり，そのためのセキュリティなどについても通常あまり必要性がないものとされてきた．しかしながら輸入食品における農薬混入事件や消費期限切れの原材料使用など通常の食品製造工場でもフードテロに近い事件が最近，数多く発生しているのは事実であり，日本

においても農薬を製品に混入させるという事件が発生した．

"フードテロ"についての細かな解説は省くが，"食品に毒物を混入させる"ことを防ぐ手段を構築することが，世界中で要求されるようになってきたことは事実である．人に危害を与える物質としては病原菌，ウイルス，化学物質などがあげられる．これらを持ち込む経路としては，

① 人が持ち込む（外部の人間，内部の人間）
② 使用する水に混入させる（受水槽，高架水槽，薬液注入装置など）
③ 原材料，資材などに付着させる

などが考えられる（図4.20）．

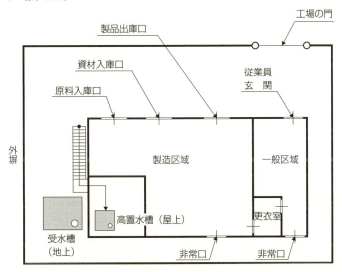

図4.20 施設への考えられる侵入経路

FSSC 22000の認証条件にもあるISO/TS 22001-1に食品防御（Food Defense）の項目が記載されている．米国では2011年に食品安全強化法：FSMA（Food Safety Modernization Act）が制定され，2013年より本格的に運用されるようになった．そこでも，食品防御の要求が含まれている．

食品製造施設，特に海外と取引を行う施設は，"食品防御"にどのように対応しているかが重要な課題になってきた．そのときに考えなければならないことは，セキュリティを高めるという理由で監視カメラを増設したり，作業場所に施錠したり，入室のためのカードリーダー管理などの設備をやみくもに設置することをできるだけ避けることである．

それよりも重要なことはHACCPの基本理念である，"何が問題かを見つけ出すこと"，すなわち危害分析（HA：Hazard Analysis）【原則1】を実施することである．そして一般的衛生管理プログラムを強化すれば防御可能なのか，特別な方法を用いなければ防御できないのかを見分けることである．この特別な方法が必須（重要）管理点項目（CCP：Critical Control Point）【原則2】となる．HACCPの基本的な考え方をセキュリティ計画に応用することで食品安全と同様に大部分の問題は解決できるものと考えられる．

食品に何らかの危害物質を混入させるには，人がその物を持ち込まない限りできないと考えるならば，人の行動についての管理ができていれば防ぐことは可能である．その対策として前

項に述べたように従業員の持ち込み品をできるだけなくすような動線計画とレイアウト計画が重要となる．

　従業員に対する管理でもう一つ重要なことは，作業衣のままでは外部に出られないようにすることである．出社から製造室までの経路で私物などの持ち込み品をなくすことができても，作業衣のままで外部に出ることができれば，再入場の際に忍び込ませることが可能となってしまう．外部と内部を往来しなければならない作業があるのか，そのようなことをなくす工夫はできないかなど作業内容や作業手順をよく分析し計画を立てることが重要である．ただし，これらの検討は，セキュリティ面から行うのではなく，衛生管理項目の一環としてとして行うことで大半は解決できるはずである．作業者の衛生管理という一般的衛生管理プログラムで考えることである．

　次に重要となることは，部外者に対する対策である．原材料や資材の引き渡しや備品などの納入の際，業者任せになっていないかを再チェックする必要がある．業者等が来場したことを必ず確認できているか，納入作業について必ず立ち会いをしているかなどの管理も重要である．業者の単独行動は，製造施設内では絶対にさせないことが基本である．

　製造区域は，他の場所から区画されていると思われがちであるが，原料や資材の搬入口や製品の搬出口などで外部と直結しているのが通常であり，セキュリティ面から考えると最大の弱点が，そこに存在していることになる．それらの出入口の多くには，高速シャッターが設置されていることが多いが，セキュリティ強化のためには，電磁ロックなどの併用が考えられる．

　高架水槽や受水槽のマンホール（点検口）には施錠することが建築基準法でも規定されているが，食品工場の施設管理マニュアルにも明記し，厳重に管理することが重要である．その他，屋外に設置されているポンプや薬液注入装置などについてもカバーを設けて施錠し，人が容易に装置に触れられないようにすることが重要である．

　次項で，従業員関連施設計画のポイントについて，もう少し詳細に述べる．

4.6.3　食品工場のゾーニング

　食品工場の建設計画を進める段階で重要なことは，"安全な食品"を消費者に提供することが，食品製造事業者の最も重要な責務であり，そのためには，衛生管理しやすくするための施設にすることである．そのために必要な考え方を以下に簡単に説明する．

(1)　GMPという考え方

　食品工場を計画する際に設計者として最も悩ましいことが，GMPの説明である．GMPとは，Good Manufacturing Practiceの略号で，日本語では"適正製造基準"と訳されている．米国では日本の厚生労働省に当たる米国食品医薬品局（通称FDA：Food and Drug Administration）が，食品や医薬品，医薬部外品，化粧品，医療機器，動物薬，玩具など消費者が通常の生活を行うに当たって接する機会のある製品について法的な基準を設け許可や違反品の取り締まりなどの行政を行っている．食品についてもGMPが制定され，法的に規制をしている．日本でも医薬品，医薬部外品，化粧品，医療機器，動物薬について米国と同様に厚生労働省が薬事法に基づき取り締まりを含む法的な規制を行っている．

　一方，食品については，法的な規制は行われていないのが現状である．かといって基準が全くないのかというとそうではなく，日本版"適正製造基準"ともいえる"衛生規範"が策定されている．これまでに以下の規範が発行されている．

① 弁当，そうざいの衛生規範（1979 年）
② 漬物の衛生規範（1981 年）
③ 洋生菓子の衛生規範（1983 年）
④ セントラルキッチン／カミサリー・システムの衛生規範（1987 年）
⑤ 生めん類の衛生規範（1991 年）

　これらの規範は現在も関連する製品に食中毒が発生したときなどに改正が行われている．解説書は，もう発行されていないようであるが，インターネットで検索できるので，ぜひとも一読して欲しい．

　医薬品等の GMP については，ハード面，ソフト面について取り扱う製品に対して "○○しなければならない．" という文言で規制されているが，食品については，指針（ガイドライン）だからという解釈で，施設の簡素化などと相まって見落とされてきたことは否めない事実である．しかし，近年の食品のグローバル化や海外への輸出に際しては，前述した米国食品安全強化法（FSMA）のみならず FSSC 22000 など認証の国際化に伴い GMP の考え方も取り入れた施設としなければならなくなってきた．また HACCP を食品製造施設に取り入れるための前提条件基準である ISO/TS 22001-1 への取組みに際しても GMP の考え方に基づく施設計画の重要性が高まっている．厚生労働省においても 2014 年 5 月 12 日に "食品等事業者が実施すべき管理運営基準に関する指針（ガイドライン）"（以下，"管理運営基準" という．）の改正が行われ，今後の食品製造施設に対する HACCP 導入の義務化を進めていく方向に向かっている．

(2) 衛生規範と管理運営基準について

　食品の HACCP による衛生管理をより確実に実施するためには，一般的衛生管理プログラムに示されている事項を確実に実施することが重要となる．一般的衛生管理プログラムの要求事項は，以下の 10 項目となる．

① 施設設備の衛生管理
② 作業員の衛生教育
③ 施設設備，機械器具の保守点検
④ そ(鼠)属昆虫の防除
⑤ 使用水の衛生管理
⑥ 排水及び廃棄物の衛生管理
⑦ 作業員の衛生管理
⑧ 食品等の衛生的な取扱い
⑨ 製品の回収方法
⑩ 製品等の試験検査に用いる機械器具の保守点検

　これらの分類の方法（表現方法）については，認証規格ごとに異なることもあるが，内容についての大差はないと考えてよい．要するに基本は "清潔な施設であること"，"清潔な機械器具を使って製造すること"，"清潔な作業者が作業すること" である．GMP とは，それらの目的を達成しやすくするために "施設（ハード面）を整備すること" と理解してよい．そのための基本的な要求内容について書かれているのが "衛生規範" である．

　管理運営基準は，製造工程に関する "標準作業手順" や衛生管理のための "衛生標準作業手順" の運用管理（ソフト面）について留意すべき事項を示していることになる．

　施設（ハード面）と運用管理（ソフト面）の調和が取れていることが，食品の衛生管理上で

最も重要なことである．しかしながら運用管理は，人が行うことであり，全員が同じレベルで実行することにも自ずと限界がある．人の行動に左右されず誰がやっても同じレベルを維持するためには，ハード面をしっかりと計画して作り上げることが重要であることを理解すべきである．

本書の主題は，"食品工場をいかに造るか"であるので，ハード面に関する検討内容についてもう少し掘り下げてみたい．

作業効率を高めるように製造室をレイアウトすることが基本となるが，そのときに併せて作業区域の設定も重要となる．特に衛生管理レベルによる区分けが重要である．1987（昭和62）年1月20日 衛食第6号"セントラルキッチン／カミサリー・システムの衛生規範"を参考に話を進めていく（図4.21）．

縦軸は，各作業室の配置を示している．これは作業室を単位とする製造工程を示していることになる．横軸は，作業場の清潔度区分を示している．各作業室の衛生管理上の清潔度の目安を示すものである．

ここで，突然ではあるが，筆者は"汚染作業区域"という言葉をやめるべきであると個人的に考えている．HACCPシステムを構築するとき，原材料の安全が基本にあることは明白である．原材料の受入れ時には，品質（鮮度，消費期限など）確認，包装状態の確認を行い，合格した物を受け入れることになっている．特に一次加工された原材料では，納入先の加工施設で加工されるとき，清潔作業区域で作業が行われているはずである．したがって自社の原材料や資材の保管場は，清潔でなければならないはずである．

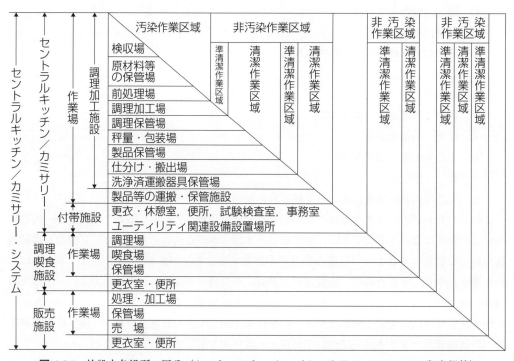

図4.21 施設内各場所の区分（セントラルキッチン／カミサリー・システムの衛生規範）

食品工場において"汚染"という言葉はないと考える．"汚染作業区域"，"準清潔作業区域"，"清潔作業区域"という清潔度の区分を改め，医薬品工場などで多く用いられている"ゾーン1"，"ゾーン2"，"ゾーン3"という表現にして，各ゾーンの衛生管理レベルを定義することにより，"原材料や中間製品，最終製品の衛生管理基準"とその作業室で作業する"人の衛生管理基準"を決めることが重要である．ゾーニング時に汚染，非汚染，準清潔，清潔という言葉にとらわれすぎ，汚染作業区域から非汚染作業区域に人は移動できないなどという規則を作ってしまう場合が往々にしてあるが，"人の移動で何が問題となるのか"を分析し必要な衛生行動を決めていくことが重要である．各作業室では専属の人が作業するのか，原材料や中間製品の移動に合わせて作業者も移動するのかで，作業区域の考え方を見直すことも必要である．

一例として2010年に建設されたカットネギ加工場の作業室の清潔度区分について表4.6に紹介する．

作業室の計画については他章に委ねるが，作業者の衛生管理に焦点を合わせた関連部位について次項にまとめる．

表4.6 作業室の区分（2010年竣工 カットネギ加工場の例）

【ゾーン1】	・製品に人が直接触れたり，加工する作業室 ・製品の汚染（食中毒，異物混入，化学汚染）防止が重要な作業室	
【ゾーン2】	・製品は包装されており，直接汚染がされない作業室 ・製品を充填する容器や段ボールの清潔を維持することが必要な保管室	
【ゾーン3】	・外部作業者と内部作業者が混在する作業室 ・加工前の原材料を洗浄する作業室	
サニタリー区域	・作業者が製品の汚染を防止するために衛生管理行動を行う室 ・更衣室：作業着への着替え，作業用帽子の着用 ・サニタリー室手順 　① 作業衣に付いた毛髪除去 　② 作業靴への履き替え 　③ 手洗い，手指の消毒 　④ マスクの着用	
一般区域	管理区域	品質管理室：指定された人以外の入室制限と試験着の着用 便所：普段着での使用，作業着での使用は厳禁
	一般区域	普段着で往来できる室 事務室，会議室，応接室，社長室，食堂，一般倉庫

4.6.4 衛生管理と安全管理の面から考えられる各部位の計画

本節の始めに述べたように，これまで製造室については，用途面，作業性，安全性，作業環境などさまざまな面から検討が加えられ，計画が進められてきたが，製造室に至る経路については，スペースをできるだけ小さくするという面から計画がなされてきたのが現実ではないかと考える．ここでは，それらのスペースについて私見を含めながらまとめてみる．

まず，表4.5の一般区域に属する各室について検討したい．作業者は一般区域からサニタリー区域を経て作業区域に入っていく．図式的に表示すると図4.22のように従業員玄関から製造施設に入場した作業者は，外靴を履き替えた後，廊下を経て更衣室で作業衣に着替え，サニタリー室で手洗い等の手順を経て作業室側の廊下に入り各作業室に至るルートをとることになる．

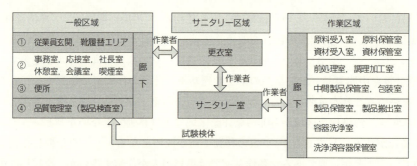

図 4.22 作業者の入室動線

この各室の並びで重要なことは,
① 便所と品質管理室（製品検査室）は一般区域に配置することである（理由については後述）．
② 作業区域は作業用廊下を経て各作業室に入室し，他の作業室を経由して目的の作業室に入らないようにレイアウトすることが基本である．ただし，製品の流れに合わせて作業者が移動する場合は，この限りでない．
③ 試験検体は，製造場所から速やかに品質検査室に取り込めるように考えることも重要である．

建設計画時に考慮すべき事項について以下にまとめる．この例では，製造のための施設が独立したものではなく，一般事務室などと共通の建物にあるとして考えていく．

(1) 従業員玄関

外部から食品汚染の要因となる物質の持ち込みを最小限にする場所である．家庭でペットを飼っていたり，通勤途中で多くの人と接触する可能性があるので，従業員玄関では，それらの危害要因を取り除く対策を立てることが必要である．特に寒い時期には，コートなどに付着して持ち込まれる可能性がある．従業員数が少なければ，従業員玄関部分にコート掛けなどを設置して，建物内の奥深くまで持ち込まないようにすることも可能であるが，従業員数が多い場合は，ロッカー室を玄関に近いところに配置するのも一つの考え方である．

外靴の履き替えについても従業員玄関で行えるように設備する．このとき，外靴の置き場と内履きやスリッパの置き場は別の保管棚とすることが重要である．一つの収納ボックスの上段がスリッパ置き場，下段が外靴置き場になっている履物ロッカーが標準とされているが，交差汚染の可能性がある．

写真 4.12 では，通常の下足箱を設置しているが，キャスター付きのパイプ棚で置き場をつくれば，清掃も容易となる．従業員の創意と工夫で安価で効果的な設備とすることができる．

(2) 便 所

食中毒の原因菌は近年変化を見せており，食中毒患者が最も多い原因はノロウイルスになっている．ノロウイルスは人の腸管でのみ増殖する．したがってノロウイルス食中毒を起こす原因は，便所を介した"人－人感染"が，最も考えられる要因である．いかに便所を清潔にするかということと便所のある場所が感染防止の重要な要素となる．

2013 年 10 月に管理運営基準が改正されているが，その最も重要な事項が便所の設置場所に対する要求である．

4.6 従業員関連施設の計画

写真 4.12 従業員玄関

> 第3　食品取扱施設等における食品取扱者等の衛生管理
> （5）　食品取扱者は，衛生的な作業着，帽子，マスクを着用し，作業場内では専用の履物を用いるとともに，汚染区域（<u>便所を含む</u>．）にはそのまま入らないこと．

　ここから読み取れるのは，便所が作業区域に設置されている食品製造工場では，前室を作り，作業衣を脱いで入らなければならなくなるということである．筆者の知る限りにおいてかなり多くの事業所では，便所が作業区域側にある．したがって，便所を一般区域側に設置し直さなければならないということになる．
　便所が多くの危害要因を有している場所であることを考えた場合，交差汚染を最小にするには，照明スイッチやドアノブなどにできるだけ触れずに入退室できるように計画することである．ノロウイルス感染防止対策を考えた便所施工例を図 4.23，図 4.24 に示す．

（3）更衣室

　更衣室は，作業者の衛生管理を実行する上で最も重要な場所であるにもかかわらず設置場所，スペース，ロッカーの設置方法などあらゆる面で不衛生な状況にある．問題点を列挙すると，

① スペースが狭い：私服から作業衣に着替えるとき，隣の人と接触するような距離になっている．
② 私服を脱ぐ場所と作業着を着る場所が同じ：作業ズボンを履くとき床に触れるが，汚れ防止対策ができない．
③ 保管ロッカーが同じ：私服と作業衣が同じロッカーに入れられている．
④ 更衣室の出入口が1箇所：私服で入る人と作業衣で出る人が同じ場所を通る．

などがあげられる．
　ここでの重要なキーワードは"交差汚染防止管理"と"安全管理"である．

(a) 交差汚染の起こる可能性

　清潔な作業着と私服が触れ合う可能性は，できる限り排除すべきである．多くの食品工場では製品への毛髪混入が問題となっており，さまざまな対策が立てられているが，私服と作業衣の交差が，大きな要因を占めていると筆者は考えている．私服を脱ぐとき服や身体から毛髪などが床に落ち，その場所で作業着を着たとき，作業衣に付着する可能性が高い．また，出入口で私服と作業着が交差するとき，毛髪などが乗り移る可能性もあり，衣服用ロッカー内でも同様のことが考えられる．

総合衛生管理製造過程承認制度の承認を得た手作りプレスハム製造所の例（2007年6月竣工）

・便所は一般区域に設置．
・作業者使用時は私服に着替えて使用するようにレイアウトを決めた．
・見学者用を兼ねるため，見学者からの交差汚染を防ぐため個室内に手洗い器を設置．
・便所内照明は人感センサーによる自動点灯を採用．

　　個室内の手洗い器　　　　　　入口扉の自動化

図4.23　ノロウイルス対策を考えた便所の実例①

カット野菜工場の一般区域に設置した便所（2010年12月竣工）

・便所での交差汚染の防止のため"ワンタッチトイレ"を実現した．
・作業衣のまま使用しない（普段着で使用）　　｝ ソフト
・便所内の専用履き物（揃えるマーク）
・入口扉の自動開閉（非接触センサー）
・照明の自動点灯　　　　　　　　　　　　　　｝ ハード
・個室扉を閉める（このとき扉にワンタッチ）
・個室扉のノータッチ錠
・毎日の清掃　　　　　　　　　　　　　　　　｝ 管理

非接触式自動扉　　ノータッチ錠　　手洗い消毒設備　　スリッパの整頓

図4.24　ノロウイルス対策を考えた便所の実例②
（出典：平成26年度近畿HACCP実践研究会　通常総会・講演会　海老沢発表資料）

(b) 持ち込んではいけない物を持ち込む可能性

4.6.2項で述べたように悪意を持つ人間が，何らかの危険物を持ち込もうとしたときにも更衣室を経由することになる．私服の中に隠し持ち，作業着に着替えるときに忍び込ませるということが考えられる．また個人のロッカーに隠し込むということも考えられる．

このように従業者が通過する部屋の計画は，非常に重要であることをまず理解する必要がある．考えられる問題を想定し，そのようなことが起こらないように（起こしづらくするように）計画して，施設の構造上できないようにする．衛生面と安全面の両面から更衣室について見直すことが重要となる．

解決のポイントとしては，

① 更衣室は一方通行となるように入口と出口を設けること．
② 私服を脱ぐ場所と作業着を着用する場所を少し離す．
③ 保管ロッカーは置かずにハンガーに掛ける．（私服と作業着は別々に掛ける.）

図4.25に示すように更衣室をワンウエイ化することによりさまざまな人の交差を少なくすることができる．さらに，ロッカーをなくすことにより密閉された空間をなくすことができ，何かを隠し持って作業室に入る防御対策にもなる．更なる効果としてロッカーをなくすことにより更衣室全体の空間の清掃を容易とすることができ，床面への毛髪落下除去の清掃が容易となる．このとき，考慮しておかなければならないことは，作業着の清潔度がどれだけ必要であるのか，製造作業内容の危害要因分析を行い，作業者の衛生管理について作成された衛生標準作業手順書(SSOP：Sanitation Standard Operating Procedures) に見合っているかを確認することである．

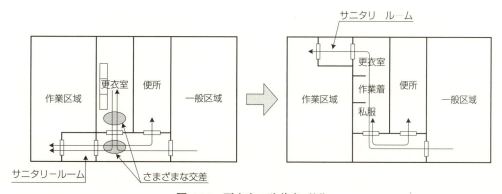

図 4.25 更衣室の改善案（例）

(4) サニタリールーム

"サニタリールーム"という表現は，2007年に手作りプレスハム工場の施設計画をしたときに考えた室名である．当時は，作業区域を汚染作業区域，準清潔作業区域，清潔作業区域という表現を使っていたが，その前の手洗いや作業靴への履替え室の清潔度をうまく表現できず悩んでいたときに考えついた．現在は，これを拡張し，筆者は更衣室を含め"サニタリー区域"と表現している．これによって，製造施設を"一般区域"と"作業区域"に明確に分けて表現できるようになった．

サニタリールームは，まさに製造室に入室する作業者の衛生管理に対する最後の砦のような

もので，人の移動により製品に汚染要因を混入させないようにする前室である（以前は"作業前室"などと称していた．）．ここで必要な機能は，

① 作業着や身体に付着している毛髪や異物の除去
② スリッパなどの内履きから作業靴への履き替え
③ 作業服装（帽子，マスク，作業着）の衛生的な確認
④ 手洗いの実行と手指の消毒

などを複数の作業者が同時に効率よくできるようにすることである．そのためには1箇所にとどまって衛生手順を実施するのではなく，"毛髪除去"→"作業服装の確認"→"作業靴への履き替え"→"手洗い"→"ペーパータオルによる拭き取り"→"手指の消毒"を移動しながら行うように器具の配置を行うことである．作業服の確認のためにはガラス鏡ではなく全身を写せるステンレス製鏡を設置すべきである．

(5) 作業場への通路

作業場への入室は，作業室ごとに出入口を設け，直接入場できるように計画する．目的の作業室に行くのに他の作業室を通らなければならないようなレイアウトは避けるべきである．その場の作業に関係ない人が通ることにより製品汚染の要因となる．また，そこでの作業が終了し清掃を行おうとしても，そこを通らなければ目的の作業室に行けないならば，その作業が終わらなければ清掃作業にかかれないなど，衛生面・効率面からの問題が生じることになる．さらに，安全面から考えても，その作業室に用のない人間が入りにくくすることも重要である．

作業通路の衛生管理は，非常に重要である．通路の床が汚染されていれば，作業者の通行により，その汚染は作業室に拡散されることになる．したがって作業通路の清潔は常に維持されていなければならない．作業通路の床を汚さないようにするもう一つの重要事項は，作業室からの汚染を作業通路に持ち出さないようにすることである．作業中に食材や中間製品を床に全く落とさずに製造できることは大変難しいと考えられる．作業床に落下したそれらを作業靴で踏み付け，そのままの状態で通路に出ることは避けなければならない．

4.6.5 作業者の衛生管理を考えて施設計画を実施する

製造施設の防虫対策や防そ（鼠）対策が十分になされていれば，製品に悪影響を及ぼす最大の要因は作業者である．作業者の移動に連れて，汚染要因も移動する．また，作業者が不適切な衛生管理を行っていれば，食品の汚染リスクは増大する．製造機器や用具の洗浄，保守点検，メンテナンスを行うのも作業者であることを考えると作業者の教育と衛生管理の重要性が理解できよう．

作業者全員が，同じレベルで衛生管理を実行できるようにするには，作業手順を簡素化し，全員が同じように実行できるようにすることも大切である．さらに，施設そのものが行動しやすいようになっていることと，何か間違ったことをしようとしてもそうできないように計画され，配置されていることが大切である．"当たり前のことを当たり前にしていれば問題が起きない"ように施設計画をする必要がある．

参 考 文 献

1)　厚生労働省 HP：平成 25 年 病因物質別食中毒発生状況
　　（http://www.mhlw.go.jp/stf/seisakunitsuite/bunya/kenkou_iryou/shokuhin/syokuchu）
2)　政府広報オンライン HP：お役立情報 "食中毒予防の三原則"
　　（http://www.gov-online.go.jp/featured/201106_02/contents/gensoku.html）
3)　新宮知裕（2005）：やさしいシリーズ 11 HACCP 入門，p.63-64，日本規格協会
4)　一般社団法人日本乳業協会 HP：アイスクリームより "アイスクリーム類の期限表示"
　　（http://www.nyukyou.jp/dairy/ice/ice07.html）
5)　一般社団法人日本アイスクリーム協会 HP：アイスクリームについて
　　アイスクリームの保存方法と賞味期限表示より "アイスクリームと温度管理"
　　（http://www.icecream.or.jp/ice/thermo.html）

5. FSSC 22000 対応工場建設の公的支援制度

5.1 はじめに

5.1.1 HACCP 対応工場の取組み支援

FSSC 22000 や ISO 22000 の基礎には，HACCP がある．ゆえに，それらに対応した工場にするためには，HACCP 対応を考えなければならない．HACCP 対応工場は，食品製造業において顧客の安心・安全を確保する手段として最も重要な取組みであり，昨今の内外における食品事故から社会的な要請が一段と高まっている．

HACCP 対応は，ソフトとハードの両面から構築する必要がある．ソフトとは手順書等のマネジメントシステムであり，ハードとは HACCP 対応工場全体の施設・設備等の構築である．公的機関の支援策もソフト面とハード面及びその両面からの支援策が事業化されている．

そこで，HACCP 対応工場の取組みに活用できる金銭的支援を含む公的支援の情報を公的機関のホームページや印刷物を対象に収集し，できる限り原文を活用して紹介する．

5.1.2 HACCP 対応の公的支援制度の確認

HACCP 対応工場への公的支援制度は，事業名から明らかに HACCP 対応のための支援事業とわかるものと，一般的な公的支援の中で HACCP に関する支援としても活用できる事業とがある．

公的支援は，そのほとんどが単年度の予算編成で実施されている．よってここに示した事業は，年度が変わるごとに事業が廃止，継続，新規等見直されて予算化されるので，その都度予算の状況を管轄する機関のホームページ等で確認する必要がある．また補正予算事業や新年度に向けた国の予算化の情報を適宜調べることも重要である．

さらに，年度途中においても，既に募集が終了している事業もあるので予算化の動向や予算の執行状況を早めに確認することが必要である．既に募集が終了しているときは，次年度に向けても同様の事業が予算化されるかを注視することが必要である．

事業の詳細については，公的機関のホームページ等を閲覧して関係する事業の情報を入手するとともに公募要綱，事業の要綱や要領等を調べることができる．

それぞれの地域にある各都道府県中小企業支援センターや商工会・商工会議所等の中小企業支援機関に相談や問い合わせをすることも有効である．

5.2 公的支援制度について

5.2.1 公的支援事業の種類

公的支援制度は，情報提供，相談対応，専門家派遣による助言等のソフト支援を行う事業と施設・設備等の整備の助成や融資を行うハード支援がある．

5.2.2 HACCPへのソフト支援事業

表 5.1 に"HACCP 等食品の安全・安心に活用可能な公的支援一覧表（アドバイス，専門家派遣事業等ソフト支援）"を示す．ここに示した支援事業は，HACCP に関連した内容だけでなく総合的な中小企業等への相談事業である．相談者が最も簡便にすぐにでも相談できる事業といえる．これらの事業を展開している中小企業支援機関を活用して，HACCP や ISO 22000, FSSC 22000 の導入に当たっての課題について相談や専門家派遣を受けることで課題解決を図ることを勧める．専門家派遣事業は，無料や半額補助等で受けることができる．

表 5.1 HACCP 等食品の安全・安心に活用可能な公的支援一覧表
（アドバイス，専門家派遣事業，情報収集等ソフト支援）

事業名等	対象者	支援内容	問い合わせ先	備　考
中小企業・小規模事業者ワンストップ総合支援事業	中小企業・小規模事業者や起業を目指す方々	① よろず支援拠点 各都道府県のよろず支援拠点で ・既存の支援機関では十分に解決できない経営相談に対する"総合的・先進的経営アドバイス" ・事業者の課題に応じた適切な"チーム編成を通じた支援" ・"的確な支援機関等の紹介"等の支援 ② 専門家派遣 ・地域プラットフォーム（支援機関の連携体）等を通じて，中小企業・小規模事業者の高度専門的な経営課題解決を支援するための専門家派遣（3 回まで無料） ③ 支援ポータルサイト"ミラサポ" ・国や公的機関の施策情報や，中小企業者等が先輩経営者や専門家との情報交換ができる場（コミュニティ）を提供．分野ごとの専門家データベースを整備し，コミュニティ上で情報交換したり，支援機関を通じて専門家派遣（3 回まで無料）を受けたりできる．	① お近くのよろず支援拠点 ② お近くの地域プラットフォーム，必要に応じて当該地域プラットフォームの構成機関が専門家派遣を申請 ③ インターネットの検索エンジンから"ミラサポ"と入力し，検索．コミュニティ（SNS）や専門家派遣利用の場合は，会員登録が必要．	問い合わせ先 中小企業庁 経営支援部 経営支援課 技術・経営革新課 平成 26 年度版中小企業施策利用ガイドブック，p.30

表 5.1 （続き）

事業名等	対象者	支援内容	問い合わせ先	備考
経営改善普及事業	小規模事業者［常時使用する従業員が20人（商業・サービス業は，5人）］以下の事業者	① 経営上の様々な問題を商工会・商工会議所の経営指導員が相談に応じる． ② このほか，こんな事業を実施している． 　例：様々な分野の専門家の派遣 ③ その他	最寄りの商工会・商工会議所都道府県商工会連合会	平成26年度版中小企業施策利用ガイドブック，p.266
中小企業支援センター事業	様々な経営課題を抱える中小企業者	1. 独立行政法人中小企業基盤整備機構（中小機構）各地域本部 　全国9ブロックに設置されている中小機構各地域本部では，株式公開を視野に入れたベンチャー企業の支援や特許権の取得を絡めた経営戦略，海外進出など高度な経営課題を持つ中小企業者に対して以下の支援を行っている． 　・窓口相談，eメール相談． 　・専門家の派遣． 　・情報の提供． 　・がんばる中小企業"経営相談ホットライン"（電話相談） 2. 都道府県等中小企業支援センター 　中小企業の経営全般に知見を有する専門家が，政府系金融機関や中小企業支援機関と連携しながら，中小企業の方が抱える問題解決のためのアドバイス等の様々な支援を行う．	・独立行政法人中小企業基盤整備機構各地域本部の経営支援課 ・各都道府県等中小企業支援センター	平成26年度版中小企業施策利用ガイドブック，p.265
中小企業ビジネス支援ポータルサイトJ-Net21	中小企業に関する施策等の情報が必要な中小企業者，創業予定者，中小企業支援担当者等	"起業する" "事業を広げる" "経営をよくする" "支援情報・機関を知る" "資金を調達する" "製品・技術を開発する" "経営自己診断システム"がインターネットで提供されている．この中で，"資金を調達する"では，数ある公的機関の資金・助成金情報の中から，事業に適した施策が簡単に検索できる． 利用方法：J-Net21（http://j-net21.smrj.go.jp/）にアクセスする．	独立行政法人中小企業基盤整備機構販路支援部販路支援課 "経営自己診断システム" 独立行政法人中小企業基盤整備機構経営支援部経営支援課	平成26年度版中小企業施策利用ガイドブック，p.267

(1) 中小企業・小規模事業者ワンストップ総合支援事業

本事業は，よろず支援拠点，専門家派遣，支援ポータルサイト"ミラサポ"の事業で構成されている．

(a) 各都道府県に設置されたよろず支援拠点において，
　① 既存の支援拠点では十分に解決できない経営相談に対する"総合的・先進的経営アドバイス"
　② 事業者の課題に応じた適切な"チームの編成を通じた支援"
　③ "的確な支援機関等の紹介"
等の支援を実施している．

(b) 専門家派遣は，地域プラットフォーム（支援機関の連携体）等を通じて，中小企業・小規模事業者の高度・専門的な経営課題解決を支援するための専門家派遣を実施している．
　HACCP等のマネジメントシステム導入支援は，知的資産経営等の高度・専門的な経営課題といえる．
　地域プラットフォームは，よろず支援拠点を始め商工会・商工会議所，金融機関，税理士等で登録された機関である．同一年度内では1企業3回まで無料で専門家派遣により助言を受けることができる．

(c) "ミラサポ"は，中小企業庁委託事業として，中小企業・小規模事業者の未来をサポートするサイトである．
　国や公的機関の施策情報が提供されており，補助金・助成金などの支援施策が施策マップを使って検索することができる．この施策マップは，詳細な情報を閲覧することができるとともに施策の一覧比較ができる．このサイトで検索することで適宜適格な補助金・助成金等の情報を入手することができる．また，分野ごとの専門家データベースを整備し，コミュニティ上で情報交換をすることができる．さらに，支援機関を通じて専門家派遣を受けることができる．ただし，コミュニティ（SNS）や専門家派遣を利用する場合は会員登録（無料）が必要である．

(2) 経営改善普及事業

小規模事業者の経営に詳しい商工会・商工会議所の経営指導員が相談に応じる．また，様々な分野の専門家が登録されており，専門家派遣を受けることもできる．最寄りの商工会・商工会議所で相談を受け付けている．HACCPを導入するにあたって必要な専門的知識を，本事業の専門家派遣を活用して助言を受けることが可能である．

(3) 中小企業支援センター事業

(a) 独立行政法人中小企業基盤整備機構（中小機構）各地域本部では，株式公開を視野に入れたベンチャー企業の支援や特許権の取得を絡めた経営戦略，海外進出など高度な経営課題を持つ中小企業に対して窓口相談やeメール相談，専門家派遣などの支援を行っている．

(b) 各都道府県等中小企業支援センターで，中小企業の経営全般に知見を有する専門家が課題解決のためのアドバイス等様々な支援を実施している．本事業においても，HACCP関連の課題解決として専門家派遣を受けて助言を得ることが可能である．

5.2.3　HACCPへのハード支援事業

表5.2に"HACCP等食品の安全・安心に活用可能な公的支援一覧表（施設・設備等のハード支援）"を示す．

(1)　HACCP支援法に基づく株式会社日本政策金融公庫による食品産業品質管理高度化促進資金

本事業は平成10年7月1日に"食品の製造過程の管理の高度化に関する臨時措置法"（以下，"HACCP支援法"という．）が施行された．その後，HACCP支援法は改正（平成25年6月17日成立，同月21日公布）されて平成35年6月30日までの法律となっている．

改正されたHACCP支援法の改正の背景や改正内容，及び改正された法律とその基本方針等は，農林水産省HACCP支援法ホームページにその詳細が出ているのでぜひそちらを見ていただきたい．

表5.3に"食品の製造過程の管理の高度化に関する臨時措置法（HACCP支援法）の施行状況について"を示す．

(2)　6次産業化ネットワーク活動交付金

本事業は，6次産業化等の取組みを拡大するため，地域の創意工夫を活かしながら農林漁業者と多様な事業者が連携して取り組む新商品開発や販路開拓，農林水産物の加工・販売施設の整備等を支援する事業である．本事業には，6次産業化ネットワーク活動推進交付金と6次産業化ネットワーク活動整備交付金がある．6次産業化ネットワーク活動交付金（整備事業）実施計画書を見ると"行政施策等との関連性"において（3）で商品の製造工程において，HACCP（高度化基盤整備を含む．）を取り入れている（又は取り入れる見込みがある）のチェック項目があり，"該当する"をチェックした場合は，それを確認できる資料又は参考となる資料を添付することとなっている．HACCPに取り組んでいれば，これらのHACCP関係書類を準備することが容易にできる．また，計画書の添付書類として，機械・施設等の位置図，機械・施設等の配置図及び平面図，機械・施設整備の工程（工事日程）表，商品の製造工程（フローチャート）等を添付する必要があり，HACCP対応の加工場を整備する計画書が必要である．

本事業の交付金の流れは，国（農政局等）→都道府県→事業実施主体となっており，本事業に興味がある方はまず各地方農政局や都道府県の関係部署に問い合わせて詳細な情報を取得することを勧める．

(3)　強い農業づくり交付金

本事業は，強い農業づくりを目的として産地間競争力強化のための施設整備事業である．事業として一つに産地競争力の強化（共同利用施設整備）で産地における加工・業務用需要への対応等による販売量の拡大，高付加価値化等による販売価格の向上，生産・流通コストの低減に向けた取組みに必要な共同利用施設の新設を支援する事業である．もう一つが食品流通の合理化（卸売市場の施設整備）で，①安全・安心で効率的な市場流通システムの確立，②卸売市場の再編の促進の取組み支援事業がある．これらの施設整備は，HACCPに対応した施設整備が可能な支援施策である．

表 5.2 HACCP 等食品の安全・安心に活用可能な

事業名等	対象者	必要要件等
HACCP 支援法に基づく株式会社日本政策金融公庫による食品産業品質管理高度化促進資金	食品の製造又は加工の事業を行う方[中小企業者(資本金3億円以下又は従業員300人以下等)に限る.]	① 農林漁業者(その委託を受けた者を含む.)との間で,原材料として使用する農林水産物の品種,生産方法,調達企画,出荷方法,貯蔵方法等について取決めを行う等により,1年以上の安定的な取引関係にあり,品質の安定を図るための措置を講じていると認められること. ② 食品製造所業者が,HACCP 導入の前段階の衛生・品質管理の基盤の整備(高度化基盤整備)又は,HACCPを導入するための施設・設備を行う際,指定認定機関に"高度化基盤整備計画"又は"高度化計画"を提出し,認定を受けると,株式会社日本政策金融公庫の長期低利融資を受けることができる.
6次産業化ネットワーク活動交付金(整備事業)	事業実施主体:民間団体等	6次産業化・地産地消法及び農商工等連携促進法により認定された農林水産漁業者等が,6次産業化ネットワークを構築して取り組む加工・販売施設等の整備.
強い農業づくり交付金[Ⅰ.産地競争力の強化(共同利用施設整備)]	事業実施主体:都道府県,市町村,農業協同組合,農事組合法人,農業生産法人,その他農業者が組織する団体等	採択要件 取組みによりそれぞれ要件は異なるが,主に次のような要件があげられる. ・受益農家及び事業参加者が原則として5戸以上であること. ・成果目標の基準を満たしていること. ・生産局長等が別に定める面積要件等を満たしていること. ・共同利用施設を整備する場合にあっては,原則として,総事業費が5000万円以上であること. 当該施設等の整備によるすべての効用によってすべての費用を償うことが見込まれること.
HACCP 対応のための水産加工・流通施設の改修支援事業(H25補正予算)	事業実施主体:民間団体等	HACCP 対応のための水産加工・流通施設の改修支援事業の応募は,下記の(1)に該当する者であって,かつ,(2)の①から③のいずれかの内容に該当する者が,輸出拡大のために水産加工・流通施設の改修を行う場合において,当該施設の改修整備により新たに当該施設の HACCP 認定の取得又は輸出先国の求める衛生管理の要件を満たすためのものであり,交付決定日の属する年度末(ただし,本事業は,"財政法"第14条の3の規定により平成26年度に繰り越して使用することが可能.)までに事業の完了が見込まれるものとする. (1) 応募できる者 漁業協同組合,漁業協同組合連合会,漁業生産組合,水産加工業協同組合,水産加工業組合連合会,事業協同組合,水産物卸売業者,水産加工業を営む者 (2) 事項 ① 高度な衛生管理手法が導入されている港又は当該手法の導入が既に計画されている港のある地域に立地する施設を自ら有するもの ② ①の地域から直接原料の供給を受ける者

5.2 公的支援制度について

公的支援一覧表（施設・設備等のハード支援）

対象事業（支援内容）	補助の種類・金額等	備考
① 建物の整備 ② 衛生管理設備の設置 ③ 監視制御システムのための機械・設備の設置 ④ ①〜③と併せて，一体的に導入する生産施設の整備	① 融資 ② 10年超15年以内（うち据置期間3年以内） ③ 融資金額 　事業費の80％内又は20億円のいずれか低い額	農林水産省ホームページ 問い合わせ先 農林水産省食料産業局企画課
機械・施設	都道府県への交付率は定額（事業実施主体へは事業費の1/2以内の補助率）	農林水産省ホームページ 問い合わせ先 農林水産省食料産業局産業連携課 交付金の流れ 国（農政局等）→都道府県→事業実施主体
産地競争力強化のための施設整備 産地競争力の強化を図るため，産地における加工・業務用需要への対応などによる販売量の拡大，高付加価値化などによる販売価格の向上，生産，流通コストの低減に向けた取組みに必要な共同利用施設整備などに対して助成を行う．（目的に即した取組みの場合，HACCPに対応した施設整備が可能．） 共同利用施設（農産物処理加工施設，畜産物処理加工施設）	都道府県への交付率は定額（事業実施主体へは事業費の1/2以内等の補助率）	農林水産省ホームページ 問い合わせ先 農林水産省生産局総務課生産推進室
漁港における高度な衛生管理手法が導入されている地域等において，輸出拡大を目指す水産加工・流通業者が行う輸出先国のHACCP基準等を満たすための施設の改修整備に要する経費を助成	① 補助金 ② 補助率1/2以内	水産庁ホームページ 問い合わせ先 水産庁漁政部加工流通課

表 5.2

事業名等	対象者	必要要件等
		③ 対 EU 輸出水産食品の取扱いについて（平成 21 年 6 月 4 日付食安発第 0603001 号厚生労働省医薬食品局食品安全部長通知，21 消安第 2148 号農林水産省消費・安全局長通知，21 水漁第 175 号水産庁長官通知）に基づき都道府県が登録した漁船又は養殖場から直接原料の供給を受ける者
産地水産業強化支援事業 ［そのうち，施設整備支援事業（ハード事業）］	実施主体：市町村，漁業協同組合，漁業協同組合連合会，水産業協同組合など	・水産物流通機能の強化 　漁村において漁業団体，市町村，地域住民，外部専門家，加工業者，流通業者等で構成される産地協議会が策定した"産地水産業強化計画"の達成に必要な施設の整備・再編"に対し，市町村を通じた交付金により支援 ・その他要件あり
中小企業・小規模事業者ものづくり・商業・サービス革新事業	日本国内に本社及び開発拠点を現に有する中小企業者	【ものづくり技術】 (1) わが国製造業の競争力を支える"中小ものづくり高度化法"11 分野の技術を活用した事業であること． 　そのうち，HACCP に関連付けることが可能と考えられる技術として，食品製造業においては，製造環境に係る技術［製造・流通等の現場の環境（温度，湿度，圧力，清浄度等）を制御・調整するものづくり環境調整技術］ (2) どのように他社と差別化し競争力を強化するかを明記した事業計画を作り，その実効性について認定支援機関の確認を受けていること．
新たな事業活動を支援する融資制度等	中小企業者等	(1) 中小企業新事業活動促進法に基づいて承認を受けた経営革新計画を実施する方（中小企業事業・国民生活事業） (2) 中小企業新事業活動促進法の基本方針に基づく新事業活動を行い，一定の経営向上を図る事業を行う方（中小企業事業） (3) 中小企業新事業活動促進法に基づいて認定を受けた異分野連携新事業分野開拓計画（新連携）を実施する方（中小企業事業・国民生活事業） (4) 中小企業地域産業資源活用促進法に基づいて認定を受けた地域産業資源活用起業計画を実施する方（中小企業支援・国民生活事業） (5) 中小企業地域産業資源活用促進法に基づき指定された地域産業資源を活用し，売上げの増加など一定の成果が見込める事業を行う方 (6) 農商工連携促進法に基づいて認定を受けた農商工等連携事業計画を実施する方（中小企業事業・国民生活事業） (7) 技術・ノウハウ等に新規性が見られる事業を行う方（国民生活事業） (8) 上記に該当しない方で，第二創業（事業転換・経営多角化）に取り組む方（中小企業事業・国民生活事業） 　海外展開に伴う資金調達支援（中小企業経営力強化支援法に基づく特例） 　中小企業新事業活動促進法，中小企業地域産業資源活用促進法，農商工連携促進法のいずれかの承認又は認定を受けた事業計画に従い，海外事業に取り組む方

(続き)

対象事業（支援内容）	補助の種類・金額等	備考
1．所得の向上に関すること 2．地先資源の増大に関すること 3．6次産業化に関すること 4．漁村の魅力向上に関すること	補助対象経費の1/2以内を助成（ただし，ハード事業においては1提案当たり3億円まで．）	水産庁ホームページ 問い合わせ先 水産庁漁港漁場整備部防災漁村課
事業として試作開発＋設備投資と設備投資のみとがある． 設備投資のみの場合は，機械装置費，技術導入費，運搬費，専門家謝金,専門家旅費 （機械装置の設置工事費，内装費は対象外）	1．成長分野型 ・補助上限額：1500万円 ・補助率：2/3 ・設備投資が必要 2．一般型 ・補助上限額：1000万円 ・補助率：2/3 ・設備投資が必要 3．小規模事業者型 ・補助上限額：700万円 ・補助率：2/3 ・設備投資は不可	中小企業庁ホームページ 中小企業庁平成26年度版中小企業施策ガイドブック，p.21-23 問い合わせ先 各都道府県の地域事務局（平成25年度補正事業は各都道府県の中小企業団体中央会）
融資支援 貸付限度額 日本政策金融公庫（中小企業支援） 設備資金7億2000万円，うち運転資金2億5000万円 日本施策金融公庫（国民生活事業） 設備資金7200万円，うち運転資金4800万円 海外展開に伴う資金調達支援 （省略）	貸付利率 ・貸付対象(1)(3)(4)及び(6)は特別利率3 ・貸付対象(2)は基準利率 ・貸付対象(5)は特別利率1 ・貸付対象(7)は特別利率2，基準利率 ・貸付対象(8)は特別利率1，基準利率 貸付期間 設備資金20年以内（うち据置期間2年以内） 運転資金7年以内（うち据置期間3年以内）	中小企業庁 平成26年度版中小企業施策利用ガイドブック，p.88～89 中小企業庁ホームページ 問い合わせ先 株式会社日本政策金融公庫 ・国民生活事業 ・中小企業事業 沖縄振興開発金融公庫

表 5.3　食品の製造過程の管理の高度化に関する臨時措置法
（HACCP 支援法）の施行状況について

	指定認定機関名	食品の種類	指定認定機関 指定年月日 23 機関	高度化基準 認定年月日 23 基準	高度化計画 認定状況 業種別計
1	(一社)日本食肉加工協会	食肉製品	H10.9.30	H10.10.7	21
2	(公社)日本缶詰びん詰レトルト食品協会	容器包装詰常温流通食品	H11.3.17	H11.4.8	13
3	(公社)日本炊飯協会	炊飯製品	H11.3.17	H11.4.8	85
4	(一社)大日本水産会	水産加工品	H11.3.24	H11.3.31	25
5	(公財)日本乳業技術協会	乳及び乳製品	H11.3.24	H11.4.30	2
6	全国味噌工業協同組合連合会	味噌	H11.6.11	H11.7.8	16
7	全国醤油工業協同組合連合会	醤油製品	H11.11.16	H11.12.14	10
8	(一社)日本冷凍食品協会	冷凍食品	H11.12.17	H12.1.24	12
9	(公社)日本給食サービス協会	集団給食用食品	H12.3.23	H12.4.17	25
10	(一社)日本惣菜協会	惣菜	H12.3.23	H12.4.17	59
11	(一社)日本弁当サービス協会	弁当	H12.4.20	H12.5.15	26
12	(公財)日本食品油脂検査協会	食品加工油脂	H12.6.27	H12.8.9	8
13	(一財)日本食品分析センター	ドレッシング類	H12.6.27	H12.8.9	1
14	(一社)全国清涼飲料工業会	清涼飲料水	H12.8.17	H12.9.22	3
15	(一財)全国調味料・野菜飲料検査協会	食酢製品	H12.9.22	H12.10.25	3
16	(一社)日本ソース工業会	ウスターソース類	H12.10.25	H12.12.1	0
17	全国菓子工業組合連合会	菓子製品	H12.11.16	H12.12.22	29
18	全国乾麺協同組合連合会	乾めん類	H13.8.21	H13.11.5	15
19	全日本漬物協同組合連合会	農産物漬物	H16.7.12	H16.7.16	2
20	全国製麺協同組合連合会	生めん類	H17.11.21	H17.11.28	9
21	(公社)日本べんとう振興協会	大量調理型主食的調理食品	H20.9.18	H20.9.19	3
22	(一社)日本パン技術研究所	パン	H26.8.12	H26.8.12	2*
23	(公財)日本食肉生産技術開発センター	食肉	H26.8.12	H26.8.12	0

備考　高度化計画認定状況は，指定認定機関からの聞き取りによる．
注*　"パン"の認定は(一社)日本パン工業会（平成 16 年～平成 26 年）によるものである．
"指定認定機関の指定状況，高度化基準及び高度化計画の認定状況"（平成 26 年 9 月末現在農林水産省ホームページより）

(4) HACCP 対応のための水産加工・流通施設の改修支援事業（H25 補正予算）

本事業について，平成 25 年度 HACCP 対応のための水産加工・流通施設の改修支援に係る公募要領から紹介する．

本事業の目的は，近年，世界的に日本食の評価が高まり，アジア諸国等の経済発展に伴う富裕層の増加等により，安全で高品質な我が国水産物に対するニーズが海外で大きくなっており，我が国水産物の輸出拡大が水産業の更なる成長に必要となっている．

水産物の輸出に当たっては，水産加工・流通施設が輸出先国の求める衛生条件を満たすことが必要であり，世界に通用する HACCP 基準等を満たすための施設の改修が輸出促進にとって急務である．これを受け，輸出拡大を目指す水産加工・流通業者が輸出先国の HACCP 基準等を満たすための施設の改修整備を進めることを推奨している．

事業の内容としては，漁港における高度な衛生管理手法が導入されている地域等において，輸出拡大を目指す水産加工・流通業者が行う輸出先国の HACCP 基準を満たすための施設の

改修整備に要する経費を助成するものである．高度な衛生管理手法が導入されている港，又は当該手法が既に計画されている港あるいは地域とは，次のア〜エである．

　ア　国が高度衛生管理基本計画を策定している特定第3種漁港地区．
　イ　地方公共団体又は水産業協同組合が水産物流機能高度化対策基本計画を作成している漁港地区．
　ウ　漁港における衛生管理基準について（平成20年6月12日付20水港第1070号水産庁漁港漁場整備部長通知）に定めるレベル2を満たす漁港地区．
　エ　その他，ア若しくはイと同等の計画が策定されている漁港地区又はウと同等の衛生管理手法が導入されている港湾地区．

(5) 産地水産業強化支援事業

強い水産業づくり交付金は，①産地水産業強化支援事業，②漁港防災対策支援事業，③水産強化対策事業からなっており，そのうちの①は，市町村，漁業者団体，地域住民，外部専門家，加工業者，流通業者などで構成された産地協議会が"産地水産業強化計画"を策定し，この計画に基づいてソフト事業として検討会，マーケティング，技術講習会等が交付率：定額1/2以内で実施できる．また，ハード事業として，加工処理施設，荷捌き施設，冷凍冷蔵庫，給油施設等に交付率：定額（1/3，4/10，1/2，5.5/10，2/3以内）で実施できる．漁業者の所得向上，漁業が存続できる漁村の形成を行い水産業の健全な発展と水産物の安定供給の確保を図ることを目的としている（平成26年度予算概算要求の概要より）．

(6) 中小企業・小規模事業者ものづくり・商業・サービス革新事業

この事業は，ものづくり・商業・サービスの分野で環境等の成長分野へ参入するなど，革新的な取組みにチャレンジする中小企業・小規模事業者に対し，地方産業力協議会とも連携しつつ，試作品・新サービス開発，設備投資等を支援する事業である．

対象となる方は，

〈ものづくり技術〉

① 我が国製造業の競争力を支える"中小ものづくり高度化法"11分野の技術を活用した事業であること．
② どのように他社と差別化し競争力を強化するかを明記した事業計画書を作り，その実効性について認定支援機関の確認を受けていること．

〈革新的サービス〉

① 革新的な役務提供等を行う．3〜5年の事業計画で"付加価値額"年率3%及び"経常利益"年率1%の向上を達成する計画であること．
② どのように他社と差別化し競争力を強化するかを明記した事業計画を作り，その実効性について認定支援機関により確認されていること．

　　補助金額は，成長分野型：1 500万円，一般型：1 000万円，小規模事業者型：700万円
　　補助率は，2/3以内で事業期間は1年となっている．

この事業の中で特にHACCPに関連付けることが可能と考えられる技術として，"中小ものづくり高度化法"11分野の技術のうち，"製造環境に係る技術"で，製造・流通等の現場の環境（温度，湿度，圧力，清浄度等）を制御・調整するものづくり環境調整技術がある．

(7) 新たな事業活動を支援する融資制度等

新たな事業活動を支援する融資制度等として，経営革新を図る事業活動や異分野の中小企業

者が連携して行う事業活動（新連携），地域産業資源を活用した事業活動（地域資源），中小企業者と農林漁業者とが連携して行う事業活動（農商工連携），研究開発した技術の事業化，第二創業等に取り組む方が融資を受けることができる．なお，平成24年8月に施行した"中小企業経営力強化支援法"において海外展開に伴う資金調達支援のための特例制度が設けられている．その中で，経営革新支援事業について紹介する．

　中小企業者が，経営の向上を図るため新たな事業活動を行う経営革新計画の承認を受けると低利の融資制度や信用保証の特例など多様な支援を受けることができる．対象となる方は，事業内容や経営目標を盛り込んだ経営革新計画を作成し，中小企業新事業活動促進法に基づく都道府県又は国の承認を受けた中小企業者，組合等である．なお，経営革新計画は，以下に示す内容を満たすことが必要である．

(a) 事業内容

　以下の四つのいずれかに該当する取組みであること．
- 新商品の開発や生産
- 新役務（サービス）の開発や提供
- 商品の新たな生産方式や販売方式の導入
- 役務（サービス）の新たな提供方法の導入その他の新たな事業活動

(b) 経営目標として

　3～5年間の事業計画期間であり，付加価値額*又は従業員一人当たりの付加価値額が年率平均3%以上伸び，かつ経常利益が年率5%以上伸びる計画となっていること．

　注* 付加価値額＝営業利益＋人件費＋減価償却費

(c) 経営革新計画の承認を受けると用意された支援策を利用できる．その一つに，新たな事業活動を支援する融資制度で政府系金融機関による低利融資制度等（海外展開に伴う資金調達支援を含む．）を受けることができる．ただし，別途，利用を希望する支援策の実施機関による審査が必要となる．

(d) 問い合わせ先：都道府県経営革新計画担当課又は経済産業局
　　中小企業庁新事業促進課

5.3　公的支援事業を活用するに当たって

5.3.1　公的支援事業活用の留意点

　公的支援を受ける前に，HACCP対応工場の新設及び改修を行うに当たってしっかりとした事業戦略を立てて事業計画を作成する必要がある．その上で，必要な資金面での支援策を活用できないかを検討することとなる．ここに示したソフト面での支援策を活用して中小企業支援機関からの助言や専門家派遣による助言を求めて事業戦略や事業計画の立案からアドバイスを受けることを勧める．

　農林水産省はじめ多くの公的機関は，そのホームページにHACCPに関する事業等案内を総括的にまとめて案内している．関連する事業を深く探りながら詳細な情報を知ることが支援事業を活用するポイントになる．公的な事業は，根拠となる法令に基づいて事業実施の要綱や要領が定められている．また，公募要領や応募するための事業計画書等の様式が定められている．これらの資料をホームページから入手して事業内容をよく把握することも重要となる．説

明会への参加も非常に有効である．

公募情報に限らず公的機関の施策等多くの情報をいち早く入手するための手段として，公的機関が行っているメールマガジンに登録して，情報を入手することを勧める．

関連する省庁のホームページを閲覧して，補正予算や次年度予算の情報を少しでも早く入手して，準備を進めることも重要である．その上で，事業情報には問い合わせ先や担当者が記入されているので遠慮することなく電話やメール等で問い合わせることである．

最後に，ここで紹介した公的支援事業がHACCP関連で活用できる事業すべてではないことを付記する．また，これら公的支援制度の活用に当たっては，必ず関係各機関に問い合わせの上活用されたい．

引用文献・資料の入手先

1) 農林水産省ホームページ
 ・HACCP支援法ホームページ
 ・6次産業化に関する予算等について
 ・強い農業づくりの支援
2) 水産庁ホームページ
 ・HACCP対応のための水産加工・流通施設の改修支援事業
 ・産地水産業強化支援事業
3) 中小企業庁ホームページ
 ・ミラサポ（https://www.mirasapo.jp/）
 ・経営サポート "経営革新支援"
 ・経営サポート "ものづくり中小企業支援"
4) 平成26年度版中小企業施策利用ガイドブック（編集・発行／中小企業庁広報室）

特別寄稿

FSSC 22000 と行政の対応

1. GFSI と国際認証スキーム

1.1 GFSI の活動

GFSI（Global Food Safety Initiative：世界食品安全イニシアティブ）は TCGF（The Consumer Goods Forum）傘下の食品安全の推進母体である．TCGF は世界的な食品の流通，製造のネットワークであり，五つの課題"新たな業界共通トレンド"，"サスティナビリティ"，"セーフティ＆ヘルス"，"更なる基本業務遂行力"及び"知識共有と人材育成"を軸に活動を展開している．GFSI は TCGF の"セーフティ＆ヘルス"の一環として取組みが行われている．

GFSI の発足は 2000 年である．小売業，製造業，食品サービス業，認定・認証機関，食品の安全に関する国際機関が参加し，以下の活動を行っている．

① 食品の安全性に関するリスクを軽減するために，従来の食品安全マネジメント・スキーム間の収束と等価性を図ること．
② 業務の重複を軽減し，効率化することで，食品システム全体のコスト効率を高めること．
③ 一貫した食品システムを築くため，食品安全の遂行能力を高めること．
④ ステークホルダーに対して，コラボレーション，知識共有とネットワーク作りができるような国際的な場を提供すること．

GFSI では，これらの活動の実施の場として，世界食品安全会議（Global Food Safety Day）において最新の活動報告を行うとともに，毎年さまざまな地域でイベントを開催している．

GFSI の活動のうち，製造・流通分野に特に大きな影響を与えつつあるのが食品安全に関するスキーム（認証・認定のための要求事項，規則，手順が具体的に文書化された評価システム）の受入れである．2007 年に，GFSI に参加している流通業のうち，特に影響力のある欧米 7 社の小売企業（Carrefour, Tesco, Metro, Migros, Ahold, Wal-Mart 及び Delhaize）が，供給者からいずれかのベンチマーキング（承認）されたスキームの認証を受け入れることにより，供給チェーンの重複を削減することに合意した．

GFSI では，評価の手順や基準を示したガイダンス・ドキュメント（GFSI Guidance Document：以下，"ガイダンス"という．）を公表し，スキームの評価を行っている．2011 年 1 月に公表された指針第 6 版は，次に示す 4 部から構成されている．なお，ガイダンスについては，順次重要な要素（key element）が追加され，2011 年 8 月に第 6.1 版，2012 年 6 月に第 6.2 版，2013 年 10 月に第 6.3 版が公表されている．ガイダンス第 6 版の構成は以下のとおりである．

第1部　ベンチマーキング手順
第2部　スキーム管理のための要求事項
第3部　スキームの適用範囲及び重要な要素（key elements）
第4部　用語集

　第1部は，GFSIがスキームをベンチマーキングするための手順を示している．マネジメントシステム審査に関連するISO/IEC 17021"適合性評価—マネジメントシステムの審査及び認証を行う機関に対する要求事項"，ISO/IEC 17011"適合性評価—適合性評価機関の認定を行う機関に対する一般要求事項"やISO/TS 22003"食品安全マネジメントシステム—食品安全マネジメントシステムの審査及び認証を行う機関に対する要求事項"等が義務的な引用規格として示されている．

　第2部は，対象となるスキームがその所有者によってどのように管理されなければならないかについて記述しており，食品安全スキームがGFSIにベンチマーキングされるための適格性，食品安全スキームの所有及び管理並びにGFSIによる継続的な認定のための要求事項を示している．

　第3部は，食品安全スキームをベンチマーキングするための要求事項を示しており，食品企業や流通業にとっては最も関連の深い部分である．ガイダンス第6版では図1に示す分野のうち，A（畜産物，水産物の生産），B（植物，穀類・豆類の生産），D（植物性食品，ナッツ類，

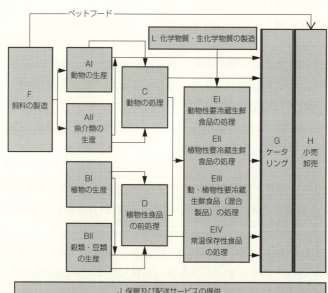

［資料：http://www.tcgfjp.org/foodsafety/pdf%20datas/GFSI_Guidance_Document_Sixth_Edition_Version_6.3_JPN_.pdf（2014/11/01）］
図1　ガイダンス・ドキュメントにおけるスキームの範囲

穀類の前処理），E（要冷蔵生鮮食品の処理）及び L（化学物質・生化学物質の製造）についてマネジメント，生産工程管理（GAP 及び GMP），HACCP に関する要求事項が示されている．GFSI ではこれらの要求事項について順次拡充を図ることとしており，2016 年 2 月に指針第 7 版が公表される予定である．

1.2 GFSI によるスキーム認証

GFSI のガイダンス初版は 2001 年 8 月に発行された．2014 年 10 月現在，H（小売／卸売），N（食品ブローカー／代理店）等の key elements はまだ公表されていない．

GFSI では公表されたガイダンス第 6 版に基づきスキームのベンチマーキングを進めている．2014 年 10 月現在ベンチマークを受けているスキームを表 1 に示す．

表 1 GFSI によるベンチマークを受けたスキーム

スキーム	内容	認証組織数*
BRC	Global Standard for Food Safety Issue 6 Global Standard for Packaging and Packaging Materials Issue 4	20 805（16 817） 3
CANADA GAP	Scheme Version 6 Options B and C and Program Management Manual Version 3	約 2 400（－） －
FSSC 22000	October 2011 issue	8 549（6 049） 544
Global Aquaculture Alliance	Seafood Processing Standard Issue 2 -August 2012	483（256） 0
GLOBAL GAP	Integrated Farm Assurance scheme Version 4 and the Produce Safety Standard Version 4	123 115（－） 122
GRMS（Global Red Meat Standards）	4th Edition Version 4.1	23（23） 0
IFS（International Featured Standard）	Food Standard Version 6 PAC secure version 1	12 755（12 755） 0
Primus GFS	v2.1 –December 2011	12 821（186） 0
SQF（Safe Quality Foods）	Code 7th Edition Level 2 7th Edition Level 2 Scope Extension -FEED	5 301（3 589） 74

注* 認証組織数の上段は世界，下段は日本．（ ）内は加工食品による認証数．
［資料：農林水産省調べ（2014 年 6 月）］

ベンチマークは 4 年ごとに更新が行われる．スキームのガバナンスや所有者，マネジメントシステム又は主要要素に大きな変更があった場合，4 年の更新サイクル内にガイダンスの更新があった場合，GFSI による承認の一時停止があった場合，再ベンチマークが行われる．すべてのスキームが再ベンチマークを求めるわけではない．ガイダンス第 5 版によるベンチマークを受けていた Dutch HACCP 及び Synergy 22000 はガイダンス第 6 版への移行に際し，再ベンチマーク申請をしなかった．

2. FSSC 22000 と ISO 22000

2.1 GFSI の ISO 22000 に対する評価

　GFSI では 2007 年 9 月にガイダンス第 5 版と ISO 22000 を比較したポジション・ペーパーを公表している．これによると，ガイダンスでは，GMP［Good Manufacturing Practice：適正製造規範（一般的衛生管理に相当）］，GAP（Good Agricultural Practice：農業生産工程管理），GDP（Good Distribution Practice：適正流通規範）について詳細な要求事項を記載しているが，ISO 22000 には GMP の詳細な要求は示されていないとしている．ISO 22000 には前提条件プログラム（PRP）の要求事項が含まれているが，詳細な内容が示されていないためガイダンスに基づく評価が困難だとしている．

2.2 ISO 22000 を含むスキーム作成と GFSI 承認

　ISO 22000 の検討を行っていた TC 34（農産食品）/WG 8 において ISO 22000 の検討がほぼ終了した 2005 年 4 月の会合で，オランダから HACCP システムの前提条件を詳細に記述した技術指針の提案が提出された．この提案を新規作業項目提案（NWIP）として認めるか WG 8 において議論が行われ，賛成とする国は多かったものの，内容がインフラ（建屋，施設等）に片寄っており，ISO 22000 への対応に際して誤解を招くおそれがあるとの意見が出され，米国，日本などは有害ではないが，有益でもない，との立場であった．このため，この技術指針案は NWIP として認められることはなかった．

　前提条件プログラムに関する規格の作成を急ぐ大手食品メーカーのクラフト，ユニリーバ，ネスレ，ダノン等は EU 域内の食品及び飲料工業連合（CIAA）と連携し，英国規格協会（BSI）のもとで前提条件プログラムを詳細に記述した規格を作成し，2008 年 10 月に PAS（Public Available Standard）220 "食品製造のための食品安全に関する前提条件プログラム" として発行した．

　食品安全認証財団（The Foundation of Food Safety Certification）（以下，"財団" という．）は，オランダの財団であり 2004 年に設立された．財団は ISO 22000 と上記 PAS 220 等を組み合わせたスキームである FSSC（Food Safety System Certificate）22000 を開発した．このスキームは，2010 年 2 月，GFSI によりベンチマークが行われた．

2.3 FSSC 22000

　FSSC 22000 には，認証のための仕組みとして以下の項目が示されている．
　① 認証を求める組織に対する要求事項
　② 認証を行う組織に対する要求事項及び規則
　③ 認定を行う組織に対する要求事項及び規則
　④ 利害関係者による委員会の規則

　これらの要求事項は，GFSI のガイダンス第 2 部，第 3 部の要求事項に対応する内容となっている．

　2011 年 10 月に改訂されたスキームでは，それまでの食品製造に加え，BSI が 2010 年 7 月に PAS 223 "食品容器包装の製造及び供給における食品安全のための前提条件プログラム並び

に設計の要求事項"を公表したことを受け，食品包装素材製造が対象に加えられた．なお，BSI は，これらのほかに 2011 年 9 月には PAS 222 "食品及び飼料生産における食品安全のための前提条件プログラム"を発行するなど GFSI の指針の検討スケジュールを意識した作業を進めている．なお，PAS 220 は，ほぼ同じ内容の ISO/TS 22002-1 "食品安全のための前提条件プログラム—第 1 部：食品製造"が発行されたことから 2012 年 3 月に廃止（withdrawn）された．また PAS 223 についても ISO/TS 22002-4 "食品安全のための前提条件プログラム—第 4 部：食品容器包装の製造"の発行に伴い廃止される見込みである．これに合わせ FSSC 22000 でも基準を PAS から ISO 22002 シリーズに移行させている．なお，2014 年 4 月の改訂では飼料生産が対象に加えられた．

表 2 FSSC 22000 の認証組織数
（FSSC の HP から）

順位	国　名	2013/8/14	2014/8/19
1	米　国	653	867
2	中　国	629	840
3	日　本	507	769
4	インド	279	470
5	メキシコ	241	337
6	オランダ	239	372
7	ドイツ	209	282
8	フランス	175	264
9	ロシア	167	264
10	カナダ	165	209
全体		5858	8851

　食品安全認証財団は自身では認定・認証を行わない．認定は IAF（International Accreditation Forum：国際認定機関フォーラム）に所属する認定機関により行われる．認定機関により認定を受けた認証機関により FSSC 22000 の認証が行われる．財団のホームページによると 2014 年 9 月現在，食品製造について 96 機関，食品容器包装製造について 46 機関，飼料について 2 機関が FSSC 22000 の認証を行っている．FSSC 22000 の認定機関となっている日本適合性認定協会（JAB）の調査によれば，我が国で FSSC 22000 の認証を行っている機関は外資系の認証機関を含め 20 機関に達している．

　世界で FSSC 22000 の認証を受けた組織は，財団のホームページによれば 2014 年 8 月 19 日現在で 8 851 に達している．このうち，我が国の組織は 769 組織となっている（表 2）．業種を見ると食品のほか，添加物，容器・包装で認証を受けた組織も多い．我が国では 2010 年に大手飲料メーカーや流通業が GFSI の考え方に賛同し，取引先に GFSI がベンチマーキングしたスキームの認証取得を勧めている．

3. 我が国における国際認証スキームの検討

3.1　ISO/TC 34 への我が国の参加メンバー登録

　ISO の TC（Technical Committee：技術委員会），SC（Sub Committee：下部委員会）への参加地位には 3 種類ある．P（participant）メンバーは，投票・会議への積極的参加義務があり，参加 TC 又は SC に設立されている作業グループ（WG）に専門家の登録が可能である．O（Observer）メンバーは，投票権はないが意見提出が可能である．N（Non）メンバーは，それ以外のメンバーである．我が国は長らく TC 34 の O メンバーであったが，2000 年に入り，TC 34/WG 6 で遺伝子組換え体の検査法について検討が行われることとなったことをきっかけに，TC 34 について 2002 年 5 月，独立行政法人農林水産消費技術センター（当時，現在は農林水産消費安全技術センター）を国内審議団体として P メンバー登録を行った．食品安全マネジメントシステムについてはその後 TC 34 内に SC 17 が設立され，同センターは引き続き

SC 17 の P メンバーとして参加している.

SC 17 は 2009 年以来毎年総会を開催し,2014 年に 9 月には第 6 回総会がデンマークで開催された.HACCP 支援法を所管し,食品企業の安全・衛生管理を支援している農林水産省は,SC 17 における議論の重要性に鑑み,2013 年の第 5 回総会から出席登録を行い正式に参加している.

なお,CODEX については国際機関である FAO 及び WHO が共同で設けた組織であり,従来から政府が対応している.

3.2 フード・コミュニケーション・プロジェクト

2008 年度に立ち上げられたフード・コミュニケーション・プロジェクト(FCP:Food Communication Project)は,消費者の"食"に対する信頼を高めることを目的に,フードチェーンに関係する食品関連事業者が業種を越えて意見交換や情報共有を行い,フードチェーンの各段階における食品関連事業者の取組みを"見える化"して業界全体のレベルアップに取り組むプロジェクトであり,農林水産省が事務局を担当している.2014 年 3 月末現在,1 632 の企業／団体が同プロジェクトに参画している.

FCP では,フードチェーンに関わる食品事業者が業種や規模にかかわらず消費者の信頼向上のため自らの業務を振り返り,同業者同士そして消費者との信頼を築くためのツールとして"協働の着眼点"(ベーシック 16)を作成した(図 2).

また,この協働の着眼点を基に複雑なフードチェーンを"見える化"して"伝える"ためのツールを開発・普及しており,主なものには,取引先による工場監査効率化のため共通の

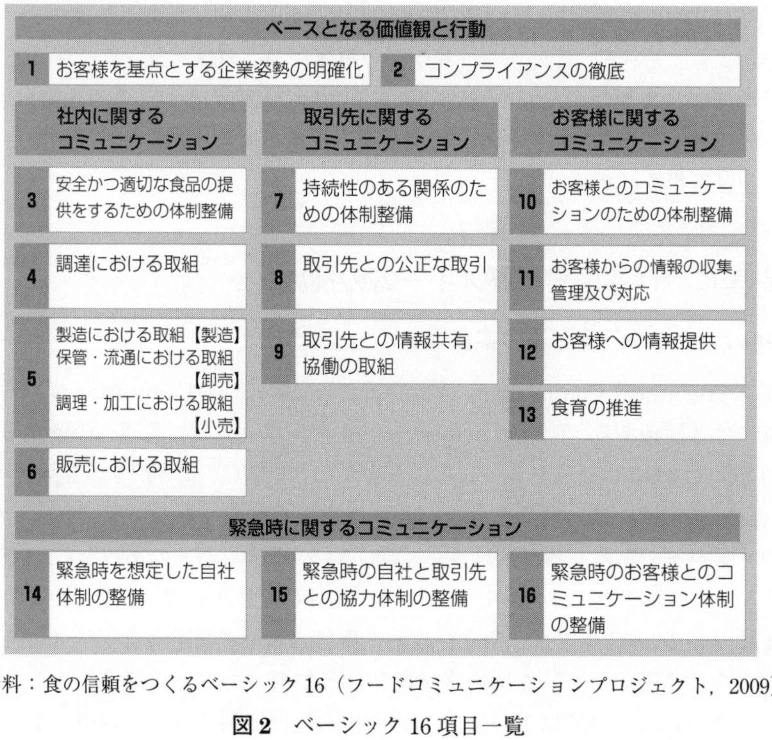

ベースとなる価値観と行動		
1 お客様を基点とする企業姿勢の明確化	2 コンプライアンスの徹底	
社内に関するコミュニケーション	**取引先に関するコミュニケーション**	**お客様に関するコミュニケーション**
3 安全かつ適切な食品の提供をするための体制整備	7 持続性のある関係のための体制整備	10 お客様とのコミュニケーションのための体制整備
4 調達における取組	8 取引先との公正な取引	11 お客様からの情報の収集,管理及び対応
5 製造における取組【製造】保管・流通における取組【卸売】調理・加工における取組【小売】	9 取引先との情報共有,協働の取組	12 お客様への情報提供
		13 食育の推進
6 販売における取組		
緊急時に関するコミュニケーション		
14 緊急時を想定した自社体制の整備	15 緊急時の自社と取引先との協力体制の整備	16 緊急時のお客様とのコミュニケーション体制の整備

[資料:食の信頼をつくるベーシック 16(フードコミュニケーションプロジェクト,2009)]

図 2 ベーシック 16 項目一覧

チェック項目を整理した"FCP 共通工場監査項目",商品の効果的な PR を可能にする"FCP 展示会・商談会シート"等がある."FCP 展示会・商談会シート"は普及が進み,全国各地の商談会で使用されている.2013 年度からは,FCP の国際展開として,FCP ツールを国際標準に反映・調和・整合させるための議論や FCP の活動を国際的に発信する取組みも開始している.具体的には,"FCP 共通工場監査項目"と GFSI の中小食品事業者の食品安全国際規格対応を支援する"グローバルマーケット・プログラム"との整合性を検討する作業に協力し,また,英語・中国語・韓国語の"輸出版 FCP 展示会・商談会シート"が作成されている.

3.3 食料産業における国際標準戦略検討会

3.3.1 検討会の開催

世界的に食品製造・流通のグローバル化が進展する中で,食品安全を確保するための共通の評価基準として HACCP や GAP の重要性が増している.各国政府においても,食品製造事業者に対し HACCP に基づく製造を義務化する流れにあるとともに,民間事業者同士の取引の中で食品製造事業者に対して,HACCP や GAP を含む食品安全や消費者の信頼確保に関する認証が求められるようになってきている.このような中で,我が国食料産業の国際的な競争力の強化や健全な発展を図るために,食料産業に係る国際的な標準化や認証の分野において国際的な議論を主導し,我が国産業の存在感を高めることも必要であるところから,農林水産省は,我が国の食料産業の取引における食品安全や消費者の信頼確保に関する国際標準に係る戦略を検討するため,"食品産業における国際標準戦略検討会"を 2014 年 5 月から 5 回にわたって開催した.

3.3.2 検討会の報告書

検討会の報告書は 2014 年 8 月に公表された(図3).認証スキームについて以下のように分析している.
(1) 国内では食品衛生法による総合衛生管理製造過程承認制度や自治体,業界団体等による HACCP 承認スキームが存在するが,国際的に通用しすべての品目をカバーした統一的な認証の仕組みがなく,海外の認証スキームを活用せざるを得ない.
(2) しかし,海外の認証スキームは,
 ① 規格策定の背景が異なる等のため理解が難しかったり,海外から審査員を招聘することもあるなどコスト面から中小食品事業者にとって認証のハードルが高い.
 ② 自ら規格・認証スキームを有していないため,国際的な標準化の過程に十分参画できない.
 という問題がある.
(3) このため,我が国において,国際的な標準との整合性があり,HACCP を普及させ事業者の食品安全等の取組みの向上につながるような,すべての品目をカバーした統一的な認証のスキームが求められている.また,これを通じて食品安全や信頼確保に係る取組みや手法を海外に普及させ,海外で生産される食品の安全性,信頼の向上に寄与することも期待できる.
(4) これらを受け,今後必要となる戦略は以下の項目である.

・食料産業の生産・製造・流通のグローバル化が一段と進展し，世界的なHACCPの義務化の流れや，食品安全・信頼確保のための取組を世界の食料産業で統一的に管理する動きが強まっており，取引先にFSSC 22000等のGFSI（世界食品安全イニシアティブ）承認規格の認証を求める動きも増加.

・一方，我が国の食料産業では，HACCPの導入率が伸び悩んでいる。今後，HACCPの導入を進め，国内の食品安全への取組を向上させるとともに，海外から評価される環境を整え競争力劣後を防止するため，国際的に通用する規格の策定と国際規格化を官民連携で進めていくべき.

背　景

○　食料産業のグローバル化

→　食品安全の確保や監査の効率化を目指して，世界での標準化の動きが顕著.

→　GFSI承認規格による認証を求める国内外の企業が増加.

○　HACCP導入率の伸び悩み

・国内のHACCP導入率は，大企業は8割だが，中小企業は3割にとどまる.

・主要国ではHACCP義務化が進展.

○　HACCP認証スキームの非統一

国際的に通用する日本の認証スキームの不存在

・HACCPの認証スキームには多様なものがあるが，国内で統一的に評価できるものがない.

・国際認証を受けるには，海外のスキームで認証を受けざるをえないが，言語の違いやコスト，内容の理解のしにくさなどの問題があり，中小事業者への認証の拡大に限界.

課　題

● 食品事業者における食品安全の取組を向上させる必要

● 取引における食料産業の競争力の劣後を防止する必要

● 中小事業者でもHACCP認証を受けやすくし，HACCP導入率を上げ，評価されるようにする必要

今後の対策

1. 日本発の食品安全マネジメントに関する規格・認証スキームの構築

2. 人材育成
 ①食品事業者の内部での人材育成
 ②国際標準化の過程に参画できる人材の育成

3. 海外への情報発信

官民連携し，スピード感を持って具体化していくことを期待

［資料：食品産業における国際標準化戦略検討会報告書概要（農林水産省，2014）］

図3　食品産業における国際標準化戦略検討会報告書概要

① 国際的に通用し，中小事業者に取り組みやすい食品安全等のマネジメントに関する規格・認証スキームを官民連携で構築する．
② 食品事業者でHACCPの基本的な知識を有する内部監査員を育成するための研修方法を工夫する等効果的な研修を実施する．また，国際標準化の過程に主体的に関わることができる人材を育成する．
③ 今後構築する認証スキームの内容を積極的に世界に発信する．
④ 以上の戦略を，食品事業者，業界団体，関係事業者，地方自治体及び国が協力をしながら，スピード感を持って具体化していくことを期待する．

検討会議では，新たなスキームは図4，図5に示されているCをまず優先して対象とすべきであり，Bについても必要性が高いとの意見が多かった．Aについては，一般的衛生管理項目に関する要求事項であり，これらは食品衛生法に基づき既に義務付けられており，そうした項目を認証の対象とすることについては慎重な意見が多かった．

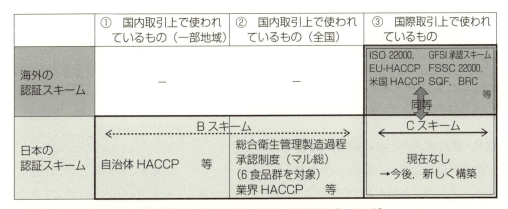

[資料：食料産業における国際標準戦略検討会報告書概要（農林水産省，2014）]

図4 HACCPを含む食品安全マネジメント認証スキーム

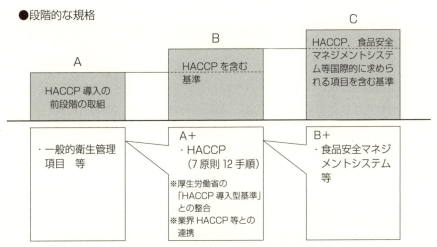

[資料：食料産業における国際標準戦略検討会報告書概要（農林水産省，2014）]

図5 食品安全マネジメントシステムの構造

3.4 海外のスキーム運営への参画

FSSC 22000 の運営に大きな影響を有するのは，ステークホルダー会議（Board of Stakeholders）である．ステークホルダー会議は，規格の解釈，スキーム運営の詳細について決定を下し，認定機関や認証機関に通知するなど大きな影響力を有している．ステークホルダー会議は，FSSC 22000 に関係の深い飲食料品の団体の専門家から構成されているが，2014年10月現在において，日本又はアジア出身のメンバーはいない．国内でスキームを構築する一方で，既存の海外のスキームの運営に積極的に関与してくことも必要と考えられる．

3.5 食品偽装

メラミン危機（2008年の中国国内における牛乳へのメラミン混入）や馬肉スキャンダル（2013年に馬肉を牛肉と不正表示した加工食品などが欧州各地で見つかった問題）を契機として，企業によって行われる偽装行為に対するサプライチェーンのもろさが明らかとなった．

この問題に対し，GFSI ではタスクフォースを設け検討を行っていたが，2014年7月，食品偽装脆弱性評価を行うこと，それに基づき食品偽装脆弱性コントロールプランを作成することの二つを次回のガイダンス文書改訂の際に盛り込むとする方針を公表した．食品偽装は企業ぐるみで行われる場合もあり，監査で偽装を見破ることは困難との審査機関の意見もあったが，GFSI では，偽装はしばしば消費者の健康問題を引き起こすため，企業として偽装が起きないような仕組みをあらかじめ構築する必要があるとしている．

3.6 新たなスキームの構築に向けて

FSSC 22000 の認証組織数が 800 件近くに達しようとしている現在，我が国として新たな食品安全マネジメントシステム構築のためのスキームを作成してもすぐに国内外に普及するとは考えにくい．しかし，我が国の経験を生かしたスキームは我が国中小企業の安全管理体制の向上だけでなく，海外企業の認証を通じアジア諸国における食品企業の安全・衛生管理の向上にも寄与すると考えられる．また，我が国として独自のスキームを構築し，その運用経験を持つことは，国際規格作成のための国際会議や，海外のスキーム運営に対する発言力を大いに強化するものと期待される．

国際的なスキームを構築するためには，まずスキームオーナーとなる組織の設立，管理者の確保，必要な規程類の作成，審査員の養成等様々な取組みが必要となる．我が国では認証制度や規格作りは行政の仕事と考えられており，民間企業は必要に応じて意見を述べるだけの対応で足りていた．しかし，これからは，我が国の製造・流通業が世界の流通・製造の要求に応えていけるようにするためにも，諸外国の議論や関心事項を迅速に要求事項に反映できるフットワークのよい日本版 FSMS スキームを民間主導により構築していく必要がある．

なお，企業関係者が国際規格作成の場に参加できる機会は多いが，行政等からそうした会議への参加を呼びかけても企業からなかなか手が上がらないのが現状である．費用面での問題もあるが，そうした会議で発言することで人脈を築き，得られる情報は企業にとっても有益なものである．国内の食品企業関係者の方々には，様々な国際会議にも積極的に参加していただきたい．

6. 事 例 研 究

事例A　水産工場：(株)川喜 ……………………………… 145
事例B　蒲焼工場：薩摩川内うなぎ(株) ……………………… 155
事例C　惣菜工場：フルックスグループ (株)三晃 ………… 163
事例D　漬物工場：備後漬物(有) …………………………… 175
事例E　食肉工場：鳥取県畜産農業協同組合 ……………… 183
事例F　食肉加工工場：明宝特産物加工(株) ……………… 197

事例 A　水産工場：(株)川喜

1．水産工場の現状と企業紹介

　食品工場の中でも，水産加工工場は HACCP や FSSC 22000 に対応した衛生管理システムを導入した工場が比較的少なく，まだまだそのレベルは低く遅れている．遅れている最大の原因は，中小企業が多いこと，衛生管理に長けた専門家などの人材が少ないこと，更に旧態依然とした管理レベルに安住している経営者や管理職の理解が少ないことなどがあげられる．

　事例として取り上げた"(株)川喜"（大阪府・堺市）は，水産企業の問題点を早くから認識し，改善に取り組み，ハード面で問題の多かった旧和歌山工場の反省から，HACCP システムに対応した新工場を建設し，優れた衛生管理システムの導入で FDA-HACCP（対米輸出水産食品加工施設）として大阪府初の認証を受け，大きな効果を挙げて取引先からも信用を得ている企業である．

1.1　(株)川喜の沿革

代表取締役	川井　一裕
住　所	大阪府堺市老松町 1-1
1961 年	堺中央総合卸売市場　海産物卸商　"川喜商店"として創業
1976 年	"(株)川喜"として法人化
1986 年	堺市・浜寺工場開設（大仙工場移転）
1990 年	和歌山県日高郡印南町に大型の和歌山工場開設
2001 年	浜寺工場と和歌山工場を統合，現住所に本社工場建設（HACCP 対応工場）
2005 年 5 月	FDA-HACCP（対米輸出水産食品加工施設）認証（大阪府第 1 号）

"川喜グループ"の中核会社．世界中の水産物を輸入し，切り身，西京漬け，調味タレ漬けなどに加工し，生活協同組合，大手スーパー，病院などに納入している．特に年末には，正月用の祝い焼鯛約 60 000 匹を備長炭で焼き上げて販売している．

写真 A.1　(株)川喜本社工場（2001 年竣工）

写真 A.2　和歌山工場（旧工場外観）

1.2 ㈱川喜の基本方針と品質方針

基本方針：すべての従業員は，お客様の命を預かる食品を製造していることを忘れるな！

品質方針

① お客様に対し，安全，安心，美味しい商品を提供する．
② お客様に信頼され，満足していただける商品を提供する．
③ そのために HACCP システムに基づく食品衛生7S管理を厳守する（衛生的な環境の中で加工する．）．
④ 全従業員は，自己の健康管理に留意し，健全な体調で作業に従事する．
⑤ 良い商品は良い原料から生まれる．原料の厳選チェックを重視する．

2. 水産加工工場の建設の際留意すべきポイント

水産加工工場と一般的な食品工場は，そのハード面において大きく異なることが多い．一般的な食品工場のポイントについては，第1章から第4章で述べた通りである．

新工場の建設に先立ち，㈱川喜の旧和歌山工場の欠点・問題点について整理し，HACCP対応工場として新築する際に優先的に導入すべきポイントについて検討した．図A.1は現在の㈱川喜本社工場の平面図で，加工室における交差汚染を防止したゾーニング配置図となっている．加工ラインは右から左への一方通行型で配置され，各室は衛生管理レベルでゾーニングされている．

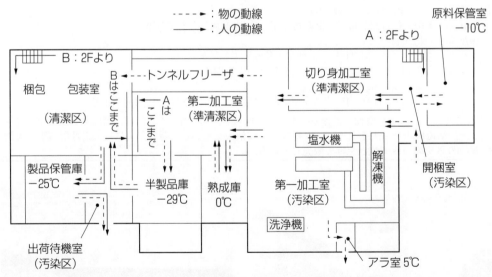

図A.1 ㈱川喜の加工室平面図

改善ポイント1　加工室全体を冷蔵庫化をすること

水産加工工場は，非常に鮮度劣化の早い魚介類を原料として，切り身加工，みそ漬け，調味液タレ漬け，定塩加工，かまぼこなどの練り物加工などを行っている．これらの製品を製造しているので，加工時の温度管理とスピーディな加工速度を最も要求されている工場である．

また，多くの食品工場でCCPとされる加工工程での加熱殺菌工程が少ないかあるいは全くないことが多いのも特徴である．そのため，食中毒の原因となる微生物を殺菌できないので，最終工程まで工程中で微生物を増殖させないために，低温での品温管理を徹底して加工することが重要となる

(株)川喜の和歌山工場は，旧タイプの工場であったため，天井窓や側面窓が多く，このことが加工室内の温度を上昇させた．特に夏場における加工室内の低温管理が難しく，魚の鮮度が短時間のうちに劣化することが大きな問題であった．

そのため，HACCP対応新工場では工場全体を15℃以下の冷蔵庫化することを最優先の改良点とした．本来であれば10℃以下で管理することが理想であるが，ランニングコストと微生物の増殖温度を検討して，最大の許容範囲である15℃を設定管理温度とした．その結果，ゾーニングごとの各加工室の温度が適切に管理できるようになり，魚の鮮度を維持するとともに品質劣化も抑えられ，腐敗臭の発生も抑えられた．

改善ポイント2　天井窓や側面窓をなくした無窓構造の導入

前記のように工場全体を冷蔵庫化するためには，天井窓や側面窓をなくし外気温の影響を受けないようにする必要がある．

そこで，工場全体の"無窓化"を検討したが，地元消防署から消防法関連で"排気窓の設置"を指導され，いろいろ検討の結果，設置する排気窓は"ガラス窓ではなく，光の入らない化粧板窓"にし，必要時にはレバーを引くことで排気窓が開く方法を採用し，消防署から許可され解決した．

無窓構造化は，

① 外気温による室温の変化が防止できるため，加工室全体の冷蔵庫化（低温管理化）には予想以上の好結果であり，真夏でも15℃以下の環境を維持できた．

② 魚の腐敗臭によって誘引され外部から侵入する飛来虫の防虫対策に効果的であった．

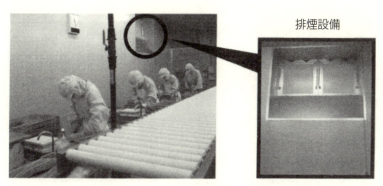

写真A.3　工場内の無窓構造と排煙部分

改善ポイント3　工場壁面のパネル化粧板化

旧和歌山工場の製造現場壁面は，コンクリート製で腰部分から下はタイル貼りであった．そこで，魚の下処理の際に飛散するアラ（ひれ，内臓などのアラ）や床洗浄の際飛散する汚染物・残渣などがタイル面に付着した．そのまま放置してしまうと，タイルの目地からカビが発

生し，更に洗浄が困難となる．そのため清潔な状態を保つにはかなりの洗浄時間と手間を要した．更に洗浄不良が発生し，室内の魚の腐敗臭や外部からの虫の侵入にもつながっていた．

洗浄効果のよい壁面素材を検討した結果導入したのが，"パネル化粧板"の採用である．ホテルの風呂壁材で採用されているおなじみの建材である．この建材は，外部からの断熱にも大きな効果があり，衛生的な効果とともに空調機への負荷が軽減された．

この壁材を採用することで下記にあげる衛生面に大きな効果があった．

① 加工室全体の丸洗いが可能であること．
② 壁面の凸凹がないことと，洗浄可能であるので，作業開始前のカビ・細菌などの浮遊菌・落下細菌が減少した．
③ 壁材の隙間が完全にコーティングされるので隙間がなく，外部からの汚染空気の侵入を防止でき，断熱効果も大きい．

つまり，①により加工室全体の衛生的な作業環境を維持することができ，②により製品への微生物学的危害の低下につながり，更に③により工場内の低温管理が実現し，製品の鮮度劣化・品質劣化も防止できた．

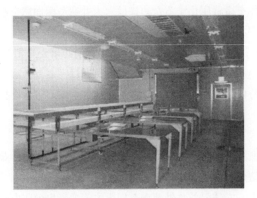

写真A.4 加工室内・壁面パネル化粧板

改善ポイント4 浅広式排水溝の採用

従来の水産工場で見られる排水溝は，"深溝式・グレーチング蓋の排水溝"（通称U字溝）が多い．このタイプの排水溝は，狭く深く，上部には重たいグレーチング（鋼材を格子状にした溝蓋）で蓋をした構造であるので，蓋を持ち上げ深い溝の隅々を完全に清掃洗浄するには人手と長い時間が必要であった．さらに，重いグレーチングは女子従業員の多い水産加工工場では特に大変な作業であった．

したがって，水産工場では，不十分な洗浄の結果，残渣が腐敗し工場内に腐敗臭（主にたんぱく質の分解アミン臭と脂肪の酸化臭）が充満している工場が多い．この臭気が，外部からハエや飛来性の虫，ハト，ネズミ，工場周辺に捨てられた子犬，小猫などの小動物などが工場内へ侵入する最大の原因であった．(株)川喜の旧和歌山工場もまさしくこの問題に絶えず直面していた．

この問題を改善すべく，(株)川喜のグループ会社であった"カワキ・カナダ社の工場"で採用していたグレーチング蓋のない"浅広式排水溝"を導入し，新工場に設置した．この新方式の排水溝は，深さ3cm，幅約40cmと見た目には排水溝とはわからないが，浅いので汚れが

すぐに確認でき，床面と合わせて同時に清掃洗浄ができる構造になっている．この排水溝で特に効果が大きかったのは，重量のあるグレーチング自体を外して洗浄する手間が省けるので，従業員への負担が軽減されたことである．

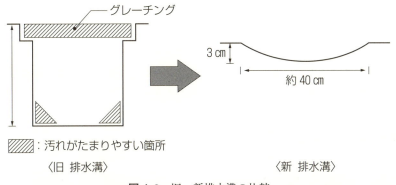

図 A.2 旧・新排水溝の比較

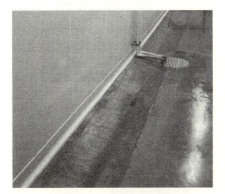

写真 A.5 浅広式排水溝

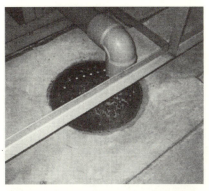

写真 A.6 排水集中ピット（4層構造）

写真 A.7

右端部分が浅広式排水溝⇨排水集中ピットへ，空調機のドレンは配管でピットへ直接誘導⇨機器周辺の床に飛び散った水は絶えず水切り作業で排水溝へ．
（いずれも床のドライ化対策）

改善ポイント5　加工残渣専用冷蔵庫の設置

旧和歌山工場では魚の加工残渣専用の冷蔵庫がなく，残渣は回収業者が夜間に引き取りに来るまでプラスチック製の桶に入った状態で，室温放置されていた．このため，残渣が鮮度劣化を起こし，また，グレーチングを含めた排水溝の洗浄不足などの原因で，発生した腐敗臭が加

工室全体に拡散し，外部からの虫や小動物の加工室内への侵入の原因を作っていた．さらに，加工残渣のリサイクル化が法制化されて以降，引き取り業者からもできるだけ鮮度劣化の少ない悪臭の少ない加工残渣の引き渡しを要望されていた．

これらの経験から，"加工残渣専用の冷蔵庫"の設置を，HACCP対応新工場の優先設備として導入した．

この"残渣専用冷蔵庫"の設置により，加工室内への腐敗臭の拡散がなくなり，また，残渣といえども鮮度劣化のないものを引取業者へ提供できることになり，良質な魚粉や肥料としてリサイクル・再生されるようになった．また，従業員へは悪臭のない清潔な職場環境が提供でき，労働意欲の維持（モチベーション）にも大きな改善となった．

写真 A.8　魚の加工残渣

写真 A.9　加工残渣専用冷蔵庫

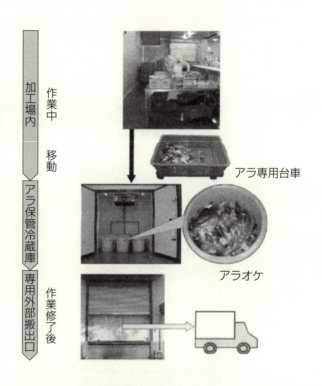

写真 A.10　加工残渣の流れ（加工・保管・排出）

改善ポイント6　加工室全体のドライ化対策

加工時に大量の水を使用する水産工場でも，対策次第ではドライ化が可能である．ドライ化の最大のポイントは，水の垂れ流しの防止である．

加工水の垂れ流しは，冷凍魚の解凍槽から，ウロコ取り機・ヘッドカッター機・三枚下ろし機などの加工機械から，血あい洗浄台・切り身加工台などの処理作業台から，機器洗浄，床や壁などの洗浄から，空調機からのドレンなどからとその原因は大変多い．それら機械・装置・治工具などからの床面への落下水防止，垂れ流し防止対策の不備が床面の水たまりや湿潤状態の原因となる．

新工場では，これらから排出される水は，機器の周囲や，作業台の周りにトユ（樋）を取り付け，排水を1箇所に集めてからホースで排水溝に直接誘導させた．また，空調機などのドレ

ンは直接配管をして排水溝へ接続させた．それでも落下水は避けられないので，定時的に担当者による水切り作業で排水溝へ排水することにした．

大切なのは，水たまりができないように床は排水溝へ向けて緩傾斜を付けることを施工時に徹底しておくことである．傾斜角度は一度の床面施工では決められないので，何回か水を流して流れ具合を見て施工し直すことが必要である．この施工により，その後の日常作業のやりやすさと手間に大きな差が出る．しかし，施工業者は手間がかかり嫌がるので，よく説明して理解してもらうことが大切である．

このような努力の結果，場所によっては長靴で作業していた部署が短靴での作業も可能になった．

以上，床のドライ化は，

① 衛生的な乾燥状態の環境を作り，食中毒の原因となる微生物の増殖を防止し維持する．
② 足元がすべりやすいと従業員の作業・転倒事故につながるので，保安面での健康管理上でも必要である．
③ 作業効率を良くする．
④ 防そ（鼠）・防虫対策にもなる．

などにおいて大切なポイントである．特に床のドライ化は，水産工場のみならず多くの食品工場ではまだまだ遅れている対策なので，今後意識的に取り組むべき課題である．

写真 A.11　加工作業台の手前に取り付けた排水トユで処理水を受ける⇨配管して直接排水溝へ．

空調機等の排水は垂れ流しではなく，排水ドレン管を排水部まで直接引いている．

写真 A.12　外部からの防そ（鼠）対策で排水管ピットを4重にした．ネズミの侵入は完全に防止できた．

改善ポイント7　床・機械類の下，配管類の下など効果的に洗浄するための対策として床下を拡げて機器類を設置

旧和歌山工場では，大型解凍槽，トンネルフリーザー，各種加工機械などの機器類の下，給排水配管，電気配管，作業台などの下などはデッキブラシが入らないくらい隙間がなく配置されていたので，絶えず清掃・洗浄不良の問題が起こっていた．

HACCP対応の新工場の建設の際，各設備を床から最低30～40 cm上げて設置することにより清掃・洗浄をしやすくした．この対策で，高圧洗浄機やデッキブラシなどが入りやすくなり，

清掃・洗浄などの7S対策が容易になり，清掃不足や"ぬめり"などが簡単に除去できるようになり清潔な状態が維持できるようになった．

機械類，機器類，作業台などの主要設備の設置は，絶対に業者任せにせず，施工時には必ず施主担当者の立ち会いのもとで設置することが必要で，完成時の引き渡しの際のトラブル予防にもなる．

改善ポイント8　床面塗装をカラー樹脂塗装から練り込みカラー塗装に

食品工場の床は，コンクリートの上から樹脂製のカラー塗装をするのが通常である．特に水産工場では水を大量に使用する関係で，グリーンの樹脂でカラー塗装する傾向がある．

樹脂製のカラー塗装の効果は，
① 滑らかであることから清掃しやすく，また水も流しやすい．
② デッキブラシでの床洗浄時の際，汚れを落としやすい．
③ 外観的にも，見た目にも美しく，衛生的に感じる．
④ 部屋ごとのゾーニングが明確になる．
⑤ コンクリート床の保護・補強にも有効である．

しかし水産工場では，工場内を搬送用フォークリフトが動き回ることが多く，床のカラー塗装が頻繁にひび割れして破損する．一度ひび割れしだすと剥がれ・破損が短期間に大きく広がり，台車やリフトの通行，作業員の通行や作業などに支障をきたしたり，ひび割れ部分から汚水が中にしみ込んで清掃できないために室内の悪臭の原因になり，3～5年に一度，塗料の破損部分を"改修・塗装塗り直し"する必要があり，その都度多額な補修費用が必要になった．しかし，破損部分だけを一時的に改修してもあまり長持ちしないので，どうしても室単位で床全面を改修したほうが良策となる．

そこで，(株)川喜ではHACCP対応工場新設の際，従来のコンクリートの上からカラー塗装する方法ではなく，コンクリートに各ゾーニングに合わせた色の樹脂（緑，茶，黄色など）を練り込んだもので塗装する"練り込み式塗装方法"を採用した．この方法は色の鮮明さでは従来の塗装よりは見栄えが悪くなるが，長期間使用しても破損の心配が全くない．ちなみに新工場では10年経過していても破損していない．ゆえに，ランニングコスト的にも大きな効果があり，ぜひお勧めしたい方法である．

改善ポイント9　次亜塩素酸ナトリウムによる防錆対策

食品工場や水産工場では，7S対策の"殺菌"目的で殺菌剤"次亜塩素酸ナトリウム"をよく使用する．この薬剤は他の"殺菌剤"と比較して安価なのでランニングコスト的に有利であり，更に微生物に対する殺菌効果も比較的広範囲に有効であることが多くの現場で使用されている理由である．

ただし，"次亜塩素酸ナトリウム"の最大の欠点は，"鉄製の金属類をさびさせる"ことである．このため"次亜塩素酸ナトリウム"による影響をあらかじめ検討しておくことが大切である．
① 工場床下の基礎鉄筋は，コスト高ではあるができるだけステンレス建材を使用することを勧める．鉄筋では床のひび割れから侵入した"次亜塩素酸ナトリウム"が基礎鉄筋をさびさせ，経年によりそのさびが浮き上がって床面を茶色く変色させ，周辺の金属類に"もらいさび"を発生させることがあるので注意が必要である．

② 自動開閉シャッターの支柱は鉄製が多い．"次亜塩素酸ナトリウム"をよく使用する箇所に鉄製支柱を設置する場合は，業者とよく打合せをし，ステンレス製支柱にすることを勧める．

③ 当然のことながら，機械類，機器類，配管類，什器類は必ずステンレス製であること（水産工場ではまだまだ鉄製タンクや機器類が多い．）．

④ その他，ねじ，ナット，ワッシャー，防虫用の金網，金網製篩など什器備品も鉄製でないかよくチェックし，鉄製であればステンレス製にすることを勧める．

改善ポイント 10 　廃棄物置き場の設置

　水産物の原料は，スチロール，段ボール，蝋引き防水段ボール，ナイロンシート，ビニールや紙の袋・シート，結束 PP バンド，縄・ロープ・ひもなどで梱包されて搬入される．いずれもかさ高い量の梱包資材が廃棄物となる．しかも，中には冷凍魚が溶けて梱包袋の中にドリップが流れ出て悪臭を放った状態で届く場合もある．これらの廃棄物は，種類別に分別・まとめられて工場の外部に設けた"廃棄物置き場"に仮置きしてから業者に毎日回収してもらっている．

　これらの廃棄物置き場は，外部に置くことが多いので雨・風による飛散のないように，また，ハト，カラスなどの野鳥に荒らされることのないように屋根付き，施錠可能，また，床及び壁を洗浄・殺菌できる水設備（高圧洗浄も）が必要である．

　かさ高い廃棄物を小さく縛る"圧搾式梱包・バンド掛け機"の設置も新工場では設置した．"廃棄物置き場"を絶えず清潔な状態に保つことができる管理が水産工場では特に必要である．

3.　終わりに
"食品会社・水産会社の担当者，中小建設会社，工務店の皆様へ"

　筆者の経験上，水産加工会社の"HACCP，ISO 22000，FSSC 22000"に対応した衛生管理の考え方は，食品業界の中でもまだまだハード面，ソフト面ともに遅れている．その最大の要因は，最初にも述べたように中小企業が多いこと，社内的に対応できる社員・スタッフがいないこと，対応に大量の資金が必要であると思っていること，業界同士の情報交換が少ないこと，どのように対策したらいいのかわからないこと，等々が挙げられ，企業経営者・工場長などの管理職などがもう一つ積極的に取り組めないでいることが多い．

　しかし，決してそうではなく難しく考えることはない．まず，取引先や消費者から食品業界全体に求められている"安全・安心・品質保証"の要求が厳しくなっているという時代の流れを感じ，この避けて通れない状況を前向きにとらえ，"よし！　やってみよう！"という強い意志を持つことが最初のスタートになる．

　そのためには，テキストとして大きな参考になるのが"食品安全ネットワーク"で出版している書籍類である（巻末に掲載）．それらは食品安全ネットワークのメンバーが，各会社での経験を参考に勉強しながらまとめあげ，会員会社や食品業界にテキストとして PR してきたものである．これらをテキストとし，会社の現状と比較しながら検討していくと自然に会社の欠点，何が対策として不足しているのか，何から取り組んでいかなければならないかなどがわかってくる．

経営者・管理職・社員従業員全体で取り組み改善していくと，1年程度で予想もしなかった進歩が見られることを私たちは経験してきた．

中小建設会社，工務店などの施工業者にも同じことがいえ，従来の一般工場の建設方法は国際的に認知されなくなってきている．一度事故を起こすと，消費者からも取引先からも許されない時代になっている．新たに食品工場や水産工場などの新設，改修工事の受注の際のためにも，今回新しく出版される本書でぜひ勉強しご理解いただきたいと思っている．

将来的にも，積極的に食品企業への営業活動にされるべく取り組んでいただきものである．

事例 B　蒲焼工場：薩摩川内うなぎ㈱

1. 企業紹介
1.1 会社概要

　当社は，国産うなぎ蒲焼商品の製造・販売を目的として，備後漬物(有)が鹿児島県薩摩川内(さつませんだい)市に工場を立ち上げ，2010年から稼働を開始した(写真 B.1)．当社の主な製品は，冷凍うなぎ蒲焼，うなぎ蒲焼真空パック製品(写真 B.2)などで，日本全国に出荷している．

写真 B.1　薩摩川内うなぎ㈱　工場外観

写真 B.2　当社のうなぎ蒲焼商品

　工場は，生きたうなぎをさばく割き場(写真 B.3)と，電気ヒーターを用いてうなぎを焼く機械(写真 B.4)や，水蒸気でうなぎを焼く機械(写真 B.5)などの焼き工程で構成され，焼き工程には最新鋭の設備・新しい技術が導入されているうなぎ蒲焼の専門加工工場である．

　割き場は，生きたうなぎを割き，骨や内臓を除去する工程で，うなぎの処理に大量の水を使用するので，完全にウエットな環境である．そのため，当初，うなぎを焼く工程もウエットな工程として設計・施工されていた．

写真 B.3　割き場

写真 B.4　電気ヒーターライン

写真 B.5　過熱水蒸気システム

写真 B.6　認　定　証

1.2　日本惣菜協会認定 jmHACCP の取得

　工場の衛生管理面の強化を図り，安全・安心な製品をお届けし続けることができるように，2011年2月に日本惣菜協会 jmHACCP を取得した（写真 B.6）.

　準備期間は約4か月と短かったが，創業当初より食品衛生7S活動を進めてきたことで，総合衛生管理製造過程の一般的衛生管理プログラムがほぼ構築できていたこと，さらに"決められたことを守る"という食品衛生7Sの躾も浸透していたなどの理由により，短期間でのHACCP取得が可能になった.

　なお，jmHACCP は，惣菜製造施設の衛生及び品質管理が，一般社団法人日本惣菜協会が規定する HACCP システムの管理水準を満たして運営されている場合に認定されるものである.

2.　工場新設，改修の履歴

(1)　工場新設

　工場は，2010年7月に設立され，操業を開始した.

(2) 改修の履歴

これまでに，大規模な施設の改修は実施していないが，劣化部分の修繕や，設備改善等はその都度実施している．

3. 現工場の新設・改修時に特に考慮したポイント

3.1 工場新設時に考慮したポイントとその後の変更

当初，"うなぎ加工工場の床は濡れていて当たり前"という感覚から，ウエットシステムの工場として設計・施工され，長靴消毒槽（写真B.7）を通り，濡れた状態の長靴で工場へ入る仕組みになっていた．もちろん，ドライ化を意識した構造ではなく，従業員もそれが当然と考えていた．

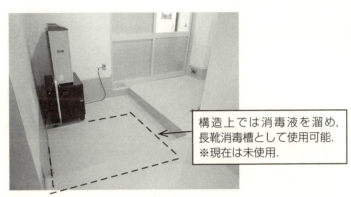

写真 B.7 焼ライン・包装室エリア入室前にある長靴消毒槽

しかし，食品衛生7Sの導入により，作業環境の改善，微生物増殖防止のためにもドライ化に取り組むことになった．割き場のドライ化は，うなぎの鮮度保持の関係で，現状では無理と考えているが，焼き工程では，工夫によりドライ化が可能となると考え，食品衛生7S委員会が中心となってドライ化対策を立て実行した．

まず，次亜塩素酸水による長靴消毒槽をなくし，焼き工程では長靴からスニーカーに変更した．しかし，床面には多くの装置から水が流れ出ており，それらを適切に排水溝に導く工夫が必要となった．それらのドライ化改善事例について，以下に述べる．

3.2 ドライ化改善事例

3.2.1 器材洗浄場所の設置

製造中に行う器具の洗浄は，洗浄場所が決まっておらず，作業者は床面上でホースリールを使用し洗浄を行い，床面を水浸しにしていた（写真B.8）．器具の洗浄時に床面を濡らさないようにするため，市販の洗面台（写真B.9）を購入し設置したが，高価な上，置き場所もとってしまうので，手作りの洗面台（写真B.10）を数箇所に設置し，床面を濡らすことなく器具の洗浄ができるようにした．ちなみにこれは，ステンレスの桶を溶接で装置に取り付け，給水・排水の配管加工を施したものである．

写真 B.8　改善前：床面上で洗浄作業を行い，床面が水浸し

写真 B.9　市販の洗面台

写真 B.10　手作りの洗面台

3.2.2　受け皿からのあふれ防止

タレや残渣類などの液体がコンベアの継ぎ目部分から床面に落ちないように受け皿を設置してあるが，受け皿がいっぱいになるとあふれてしまった（写真 B.11）．そこで受け皿を加工しホースを取り付け，直接排水できるように改善した（写真 B.12）．そうすることで，長時間稼働した状態でも受け皿からあふれて床面を汚すことはなくなった．

写真 B.11　改善前

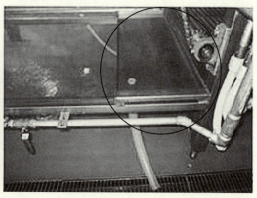

写真 B.12　改善後

3.2.3 トレーからの水あふれ防止

うなぎを焼く機械の下部分で，電気ヒーターの下部に水を張ったトレーを入れ，その水が涸れないように常時水を供給している．しかし，トレーの水があふれて床面を濡らしてしまう（写真 B.13）．そこでトレーを加工して，ある一定以上の水は1箇所から排水されるようにし，その排水を雨どいで受け止めて1箇所に集めて排水するように改善した（写真 B.14）．

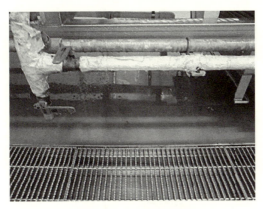

写真 B.13 改 善 前

写真 B.14 改 善 後

3.2.4 蒸気水滴落下防止

(1) 焼ライン蒸し機

蒸し機は大量の蒸気を使っており，扉の隙間部分やカバーの継ぎ目部分から水滴が垂れて床面を濡らしていた（写真 B.15）．扉パッキンの補強や，コーキングによる補修を繰り返し行ってきたが，垂れても床面を濡らさないように水受けを設置し1箇所に排水するように改善した（写真 B.16）．

(2) 包装室の蒸気殺菌装置

包装室の蒸気殺菌装置でも，扉部分より水分が垂れて床面を濡らしていた（写真 B.17）．水分が垂れないよう修繕を繰り返し行っていたが，垂れても床面を濡らさないように雨どいで水受けを設置し，垂れてくる水分はすべて排水溝に流れるようにし，床面が濡れないように工夫した（写真 B.18）．

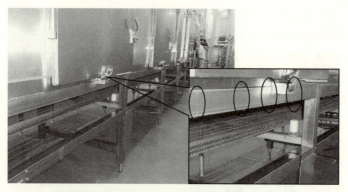

写真 B.15 改善前：○印部分に水漏れあり

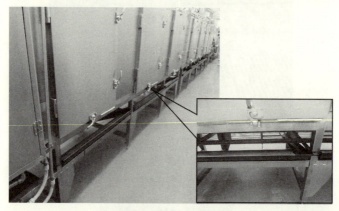

写真 B.16 改善後

写真 B.17 改善前

写真 B.18 改善後

3.2.5 結露水の床面への水垂れ防止

冷凍機に面した壁面には結露水が発生し，それらが垂れて床面を濡らしていた（写真 B.19）．そこで，壁面に水受け加工をし，受けた水を排水溝に流れるように工夫した（写真 B.20）．

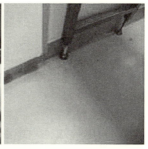

写真 B.19 改善前：壁面に付着した結露水が垂れて床面を濡らしている

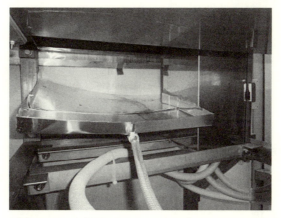

写真 B.20 改善後：壁面に直接水受けを取付け実施

3.2.6 床面へのタレ落下防止

写真 B.21 はうなぎの大きさ選別装置の下部分である．タレが落ち，床面が汚れてしまうのは作業上仕方なく，毎日洗浄しているのでタレがついても大丈夫という感覚でいた．しかし，"床を汚さないためにはどうすればよいか"，"洗浄しやすくするためにはどうすればよいか"という検討を行い，シートを敷く（写真 B.22）という簡単な工夫で，床面の汚れを防止すると同時に，洗浄の効率をも上げることができるようになった．

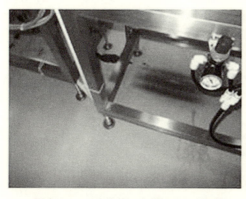 

写真 B.21 改善前：床面にタレ落下　　**写真 B.22** 改善後：シートを敷き床面の汚れを防止

4. 今後の新設・改修時には，対応したいと考えるポイント

　焼ラインに装置に沿って深さ約 8 cm，全長約 70 m の長大な排水溝が設置されている（写真 B.23）．排水溝にはグレーチングを設置しており，作業終了後の洗浄では，排水溝の中及びグレーチングの裏部分の洗浄を毎日行っている（写真 B.24）．しかし，排水を数箇所に集中させ，その部分を排水枡にすることでグレーチング及び排水溝が減り，洗浄時間の短縮にもつながるのではないかと考えており，今後の改修時には対応する予定である．

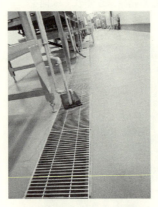
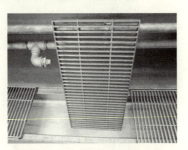

写真 B.23 排 水 溝　　**写真 B.24** グレーチング裏側

5. その他の特記事項

　当社は，工場創業開始と同時に食品衛生 7 S 活動を開始した．食品安全委員会を中心に活動を行っており，チームリーダーとして工場長，コンサルタントに角野品質管理研究所の角野久史先生にご指導をいただき，各部署でそれぞれ活動を行っている．

　具体的には，月 1 回食品衛生 7 S 委員会を開き，コンサルタントと一緒に工場内を巡回し，その後の報告会で前月の指摘事項の改善状況や今回の新たな指摘事項を発表し，ディスカッションする．報告会には PCO 業者も加わり，工場のそ（鼠）族昆虫のモニタリング報告や防虫防鼠の観点からの改善点を指摘してもらっている．鼠族昆虫の防除活動と食品衛生 7 S 活動を並行して行うことにより，より高い食品衛生 7 S 活動の効果が得られていると思う．特に，焼き工程のドライ化については，設備等の大きな改変なしに，上述のような工夫の積み重ねにより，大きな効果を上げており，稼働後，数年を経ているが，焼き工程の機械・装置類は油類でゴテゴテ状況になることなく，金属色を呈していることなどを自慢したい．

　最後に，当社の食品衛生 7 S 活動の指導をいただいている角野久史先生，並びに PCO 業者の西部化成様に深く御礼申し上げます．

参 考 文 献
1) 角野久史・米虫節夫編（2013）："現場がみるみる良くなる食品衛生 7 S 活用事例集 5"，日科技連出版社（本書には，当社のドライ化の具体的な事例が記載されている．）

事例 C　惣菜工場：フルックスグループ (株)三晃

1. 企業紹介と業界の特徴，公的規格などの認証

1.1　企　業　紹　介

　フルックスグループは，2014年で50周年を迎えることができた．弊社は1964年，大阪市中央卸売市場東部市場の開場に伴い，果実仲卸業として歩み出した．現在では青果物を通して，川上（産地）・川中（流通・加工）から川下（エンドユーザー）まで一貫した体制で，三つの事業会社を通じて組織横断的な相乗効果を引き出し，青果物のカットだけではなく，季節に合わせた新しいメニュー提案を目指し，生産者から消費者まで垂直的な青果物流通を構築するプロ集団として経営している．

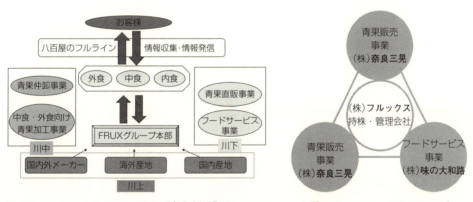

図 C.1　フルックスグループの"事業領域"について　　図 C.2　フルックスグループ

　三つの事業会社は，次の3社である．
(1)　青果販売事業：(株)奈良三晃
　奈良県中央卸売市場の仲卸として営業するかたわら，直販事業も展開．また，グループ全社の青果物調達機能も有している．最近は更に，市場流通に頼らない，産地開発にも積極的に取り組んでいる．
(2)　青果加工事業：(株)三晃
　HMR工場，ここでHMRとはHome Meal Replacementの頭文字で，"家庭内食事の代行"という意味であり，"内食"・"中食"・"外食"とあらゆるジャンルに対応できる"惣菜のわかる八百屋"を目指している．代表的な品目は，天ぷら盛合せキット等を含めた惣菜キット（酢豚キット，醬油焼そばキット等）で，主にスーパーのバックヤードで調理，販売していただいている．
　また，ディストリビューター事業部では生鮮原料等を低温管理の行き届いた施設で，お客様

のご要望に沿ったキャベツ 1/2 カット等などの"小分け作業"を行い,コールドチェーンでお届けをしている.

調味工場では,和・洋・中各種惣菜キット用のタレや真空調理技術等を使用した付加価値商品(おでん,豆ご飯,おせち料理食材等)を生産している.

(3) フードサービス事業:(株)味の大和路

ケータリング工場では,四季折々のお弁当,オードブル,会席膳,おせち料理等を 365 日体制で製造している.また,県内の夕食宅配事業も実施している.

1.2 業界の特徴

食の業界は常に多能化しつつ,猛スピードで変化している.現在,外食産業等が中食産業に積極的に参入する傾向にあり,今後は他業界からも中食に参入してくると考えられる.単身世帯の増加,高年齢化,核家族化,女性就労率上昇等のライフスタイルの急激な変化に伴い,食の多様化が進むとともに,顧客の求める健康や安全・安心に対する様々なニーズにも対応していかなくてはならない時代である.

既に,日本のスーパーマーケット業界,コンビニエンスストア業界では店舗が飽和状態になってきており,今後はますます食に対する新鮮さ,美味しさ,手軽さ,品質(安全・安心)の良さが追求され,価格も含め競争時代へ突入すると考えられる.

1.3 公的規格

当工場は,農林水産省総合食料局食品産業規格課の事業名"HACCP 等普及促進業"としての"低コスト導入手法構築等の実施"で,2010 年 12 月 20 日に HACCP 法の指定認定機関である(社)日本惣菜協会から"HACCP 手法支援法"の規定による高度化基準認定を受けている.

2. 工場新設,改修の履歴

1979(昭和 54)年	(株)三晃 奈良県中央卸売市場において"天ぷら"の製造・販売開始と同時に,奈良県大和郡山市馬司町に青果加工工場を新設.
1985(昭和 60)年	(株)三晃 同施設での増築で,初のカット野菜工場を新設.
1994(平成 6)年	カット野菜工場施設の 1 階で,ケータリング事業を開始.
1996(平成 8)年	奈良県大和郡山市馬司町の青果加工工場を改修し,カット野菜工場として稼動.
2001(平成 13)年	奈良県大和郡山市馬司町字堂ノ前 685-1 に(株)三晃 HMR 工場(旧 HMR 工場)を新設.
2005(平成 17)年	奈良県大和郡山市馬司町 969-1 に(株)三晃 DTB 事業部(PC センター)を新設.
2006(平成 18)年	フルックスグループ新社屋完成.
2007(平成 19)年	(株)三晃 奈良県大和郡山市馬司町 683 に新 HMR 工場(現 HMR 工場)を新設.旧 HMR 工場を改修し,ケータリング工場として稼動.

3. 現工場の新設・改修時に特に考慮したポイントと問題点・反省点

3.1 現工場の施設

3.1.1 環境（パネル施工）

カット野菜は，大量の水を使用するため他業種と異なり，温度対策と湿度対策が重要なポイントである．特に壁，天井，柱の仕上材はすべて断熱パネル施工が理想なので，容易に水滴の拭き取りや清掃作業がしやすい環境設定にした．

新設前の工場では，天井がボード仕様であり一部カビが発生し，ペイントした柱にもさびが発生してしまっていたので，新工場では，柱は断熱パネル仕上材で施工した．

3.1.2 中温エアコンの選択

野菜洗浄では次亜塩素酸ナトリウム等の塩素系添加物を使用することが多いので，各マテハンには，さびにくい材質を使用するとともに，空調（冷房）系統は塩素系で機器トラブルが発生することも考慮し，メンテナンスがしやすい環境にするため，天井につるすタイプのエアコンを設置した．埋込み式の案もあったが，ある程度のリスクが発生することも配慮してつり下げ式に決定した．空調機は，新築より3年は問題なく稼動していたが，やはり塩素を多く使用する箇所ではメンテナンス問題が発生している．

空調設備に関しては，各フロアでの空気の流れがどのように流れているのか，工場を使う側もこれを把握し，むだな給排気で温度等のコントロールができにくい環境にならないように配慮して空調機器の選定を行い，現場での浮遊菌の状況，更には働く人の労働環境をも配慮しなければならない．

写真 C.1　天井カセット形

写真 C.2　天井吊り形

3.1.3 空調機の配管

空調機のドレン配管は，アルミニウムで施工し壁と垂直に設置したが，徐々に物が当たり破損した．建築経費の削減対象にしたが，やはり衛生上また補修作業が発生しない工夫を当初より計画に入れるべきである．

写真 C.3

空調機の排水管にコンテナや台車が当たり，変形しやすい．また，注意や指導だけでは改善できない．

写真 C.4

事前に物が当たることを前提に，かつさびない材質で加工した．

写真 C.5

設計上の問題でもあるが，できる限り床面（FL）に入る配管は回避した施工が望ましい．

写真 C.6

3.2 ドライ化

　当初，作業室内のドライ化をめざして，設備投資計画から機器・設備等の配置，空調の流れ，物・人・廃棄物等の動線を考慮した．しかし，現実は顧客ニーズの多様化や，季節野菜を加工することもあり，常に新しいレイアウトが必要になる．そのため，作業室は大きな仕切りで，"カット室"，"計量室"，"仕分け室" の3区域に分けた施工とした．

　排水溝のグレーチングは "カット室" のみに設置し，"計量室"，"仕分け室" は会所のみの設置とした．その上で，毎日殺菌水をまき，水切りで床清掃の衛生環境を整えた．

　床の施工も大切であるが，工場で使用する機器，器具等にもドライ化をするための工夫が必要であることを痛感している．カット室での機器等からの排水は，直接配管を通して排水溝に流し，床面などに飛散しない工夫をして，微生物管理をしやすくした．

　従業員は立ち仕事になるので，その疲労の軽減対策として，長靴より短靴への移行，エプロンの軽装化，床の勾配をなくすなどの工夫で，ドライ化を推進した．その結果，"計量室"，"仕分け室" は非常に良い効果が得られた．しかし，"カット室" では大量の水を使用するため，

どうしても床面に水が流れるので，やはり機器設置場所を考慮し，床面は壁際からの勾配施工による排水対策をしなければならない状況である．

また，壁面と床は巾木の選択を行い，簡易に清掃しやすい環境設定にすることも必要である．

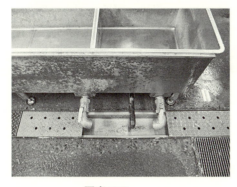
写真 C.7

写真 C.8

以上は，床に水を流さない仕組みとして導入した事項である．しかしながら，まだまだ問題点も多い．特にスライサーの排水は，当初，直接床下配管に直結したが，残渣が詰まりやすく，専用の会所やグレーチングへの導線で排出したほうがより衛生的で清掃が容易である．

壁面と床（FL）の巾木は狭く設計したが，もう少し傾斜幅があるほうが，ブラシ等の清掃も楽にできる．また巾木とパネルの隙間が発生してしまうため，補修をしなくてはならない．

写真 C.9

グレーチングは，"水を集める水路"であるとの認識で考えているが，特にレイアウト変更時には有効的に活用できる要素でもある．また，床面に適切な勾配を付けると自然とドライ化につながっていく．しかし，会所は網状仕様が多いため，隙間に汚れやゴミが付着し，"衛生的な維持管理"をすることが難しい．そのため，その工場に合わせた材質や仕様にしなければならない．特に，会所では，ゴミを挟み込み不衛生な環境になってしまうことに配慮が必要である．

幅が1cmで，ゴミを挟み込みやすい．　　　自社で2cmに加工．

写真 C.10　　　　　　　　　　　　**写真 C.11**

3.3 給排気

　カット野菜では，水を大量に使用するため，給排気管理には外気からの"給気"と，室内からの"排気"のバランスが衛生対策上（特に結露）重要なポイントとなる．そのため，新鮮空気取入室にはロールフィルターを設置（約1年で交換）し，害虫や埃を除去した空気を各フロアへ供給している．適切な外気供給を行うことで，室内を陽圧に管理することが可能となり，外部からの異物混入リスクを軽減できる．

　さらに特に臭いの強い"玉葱等"の加工時には，従業員の作業環境を配慮した空調が必要とされる．

写真 C.12　新鮮空気取入室室内側面　　**写真 C.13**　外側面（ロールフィルタ）

天井裏には空気の流れを"ONE WAY"に実施するため，送風機を2台設置．湿度の多い際に稼動させている．しかし，冷水配管（結露対策済）に付着した水滴が問題である．

写真 C.14

工場の天井裏に結露対策をした冷水配管を設置し，給排気を付けず施工したが，結果としては結露が発生しやすい環境になってしまった．そのため，空気の循環（強制的な給排気設備）や除湿機等を設置しなくては衛生的な環境を保持できないことを痛感した．

3.4 工場施設の管理

製造本部事務所で"工場施設管理"の集中管理システムを採用した．旧工場では，管理場所がバラバラで，特に空調のリモコンは従業員が勝手に温度変更していたので，工場新設時に下記の項目を集約させ，集中管理することにした．

① 室内温度管理　（モニターでの管理を行い，すべてコントロール管理）
② 工場内外カメラ　（"安全カメラ設置"として性善説で工場内外に設置）
③ 井戸故障・漏電警報管理（外部通報）
④ 火災受信機
⑤ 殺菌水管理モニター
⑥ 非常用放送設備
⑦ ラベル表示登録システム
⑧ 品質管理室も隣接で設置

①，②，⑤に関しては数分単位での記録帳票も管理．また，不在時に警備会社への通報システムも完備した．

左側より⑤，①，②

写真 C.15

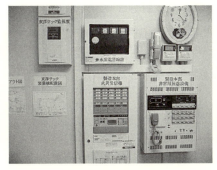

左側より③，④，⑥

写真 C.16

①での中温リモコンを1箇所で管理

写真 C.17

⑦

写真 C.18

上記，"製造本部事務所"における1箇所での集中管理体制は，多くの点で良かったが"生産管理"が現場に近い場所から離れてしまった点が問題となった．"生産管理"は，現場に近い場所へ移動させたかったのだが，そのスペースがないので，一部のみ急遽現場近くの見学者通路に設置した．本来，工場設計段階から"ものづくり"の体制，指示系統も含め考慮しなければならないことを痛感している．

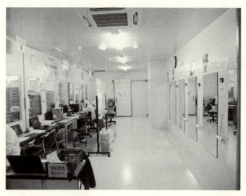

当初は，見学者通路として設計したが，現在は生産管理が机を1列に並べ，計量室の作業が見えるようにしている．

写真 C.19

3.5 蛍光灯

室内の照度も検品箇所は700〜1 000 lxであるが，蛍光灯の本数も必要以上に付けると経費が高くなるので，2年後の照度を想定して照度設定をした．当時は，LEDがそんなに普及しておらず施工しなかった．

3.6 窓

基本的な考えとして，工場はすべてパネル施工で管理を実施しており，外から見える環境（常に見られている環境・作業の進捗の見える化）にするため，すべて"ポリカーボネート樹脂"の窓で見える化を実施した．温度環境によって結露が発生する可能性があるので，温度差が生じない空調管理，材質を選択することが肝要である．

品質検査室を従業員からも見えるように施工し，お互いの業務が見えるように施工した．

写真 C.20

3.7 トイレ

トイレは細菌汚染が起こる可能性の高いユーティリティである．そのため，製造の現場とは隔離し，2階製造本部横に設置した．また，便器はすべて和式から洋式に変更しており，扉は内側からはアルコールを手に噴霧しないと開かないようにして，衛生意識を高めることにも役立っている．しかしながら，白衣を脱がなくては便所に行けない動線にはなっておらず，今後の検討課題でもある．

3.8 休憩室

従業員がくつろぐ休憩室にはテレビ，電子レンジ，電気ポット，簡単な調理器具と大型業務用冷蔵庫を設置した．自販機も2台置き，くつろぎのスペースになっている．当初予想された人数では十分な大きさを備えた休憩室であったが，現在は手狭になってしまった．また，今後は畳等，仰臥できるスペースも必要になってくると考えられる．

3.9 手洗い

工場入室時での手洗いシンクは，"スクラビング法"を活用したが，ノロウイルス対策のマニュアルではリスク発生が予想される．手ふきは外部監査からの要望もあり，ペーパーでの拭き取りに変更した．

写真 C.21

4. 改修時に考慮したポイント

4.1 自動扉の設置

旧工場では，扉の開閉は"しつけ"で守るように指導と教育を行っていたが，結果としてこの簡単なことができなかった．"空けたら閉める"の当たり前のことであるが，手動と自動と区別を付け，特に自動はすべて10秒後等の設定に変更し，閉まる仕組みを導入した．また，扉の開閉はスイッチの形状も，4パターンの方式を導入した．各フロアの作業動線，作業内容，衛生区域別単位等で選択をした．

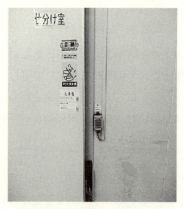
写真 C.22　ボタンを押す方式

写真 C.23　手かざしセンサー

写真 C.24　ロープ式

写真 C.25　自動センサー式

5. 今後の新設・改修時には，対応したいと考えるポイント

(1) 新工場の新設には，全従業員，全社員等に次なる投資の意味を，経営者の思いと共有する必要があり，現場で働く人にも現状の問題点を知ってもらうとともに，意見箱を設置するなどの工夫により従業員の意見を聞くことも必要である．そこに，本来あるべき社風や教育，躾が生まれ，全従業員に経営者の思いが行き届きやすくなる秘訣である．

(2) いくら良い工場が完成しても，運営管理ができなければ良い工場とはいえない．そのため，原料の受入れ室では原料のトレース等ができる環境を整えておかなければならない．また，現場への指示系統も含め，"5W2H"の視点で設計段階から計画をしなければならない．

(3) 社員不在時に工場入室者に対して，IDカード，指紋認証等のセキュリティを設けたり，死角を作らない環境づくりも必要とされている．

(4) 現場で製造された商品のサンプリング品を，品質管理室に保管することが望ましいが，やはり専用の保管場所や定位置管理しやすい場所で保管と検証することが必要である．

(5) 現在設置していないユーティリティ，社員食堂，リフレッシュルーム，工務室，クリーニング室，仮眠室，等々はすべて設計段階では後回しとしたが，今後の工場設計には重要な要素の一因となるだろう．

6. その他の特記事項

　排水に直接影響する"グレーチング"と"会所"は，床を"ドライ化"するための必須項目である．しかしながら，工場内の機器，設備のレイアウトは現在の顧客ニーズと生産量等を考慮すれば，1年に数回のライン変更が生じる．その際，容易にレイアウト変更がしやすい設置場所や床の勾配が問題となることを配慮しておかなければならない．

　基本的な図面には"機器・設備・マテハン等"の配置図があるが，それだけを考えると実際に工場を稼動させた場合に大きな問題点が発生する恐れがある．作業スペースには，"人・物等"の動線もさることながら，それを動かすスペースの確保，交差汚染の危険性，ゴミ箱等の置場（整理・整頓・清潔）が適切に保たれる環境が必要とされる．

　また，カット野菜等は"少量多品種"が多く，工場は常に同じ商品を製造するのではないということも考慮し，常にレイアウト変更も可能な予備スペースが必要とされる．

　本稿をまとめるにあたり，現在の工場の問題点などを改めて認識し，現在，予定している新工場の設計に活かせられるようにと考えているところである．

事例 D　漬物工場：備後漬物(有)

1. 会社紹介と漬物の消費の動向

1.1　会　社　概　要

　当社は広島県福山市の福山北産業団地内に本社工場があり（写真 D.1），1946 年に創業，2002 年 3 月にそれまで福山市内にあった各工場と配送センターを 1 箇所に集約し，現在に至っている．

　取扱品目は"和風キムチ"，"旨えびキムチ"，"吉野家白菜キムチ"，少量パックを 2 パック組み合わせた"ごはんがおいしい旨キムチ"などのキムチ類，糖しぼり大根，白菜などの浅漬，外食チェーンに収めている業務用の漬物などを製造している（写真 D.2）．

漬物の生産量	月産 420 万パック製造し日本全国へ販売している．
従業員数	411 人　（2014 年 4 月現在）
資本金	1 100 万円
事業内容	漬物製造・卸，外食産業，うなぎ販売

写真 D.1　備後漬物(有)　工場外観

写真 D.2　当社の漬物商品

1.2 漬物の消費の動向

　家庭の食卓で漬物が登場する機会が年々減少傾向にあると思われるデータが出ている．1世帯当たり1年間の漬物購入金額が2000年では11 768円だったが，2012年には8 134円で約30％の減少になっている．これは全国の2人以上の世帯での数値であり，単身者が増えればその限りではないことは容易に推測ができる．このように漬物業界は厳しい状況になってきているといえる．

　詳しくは，全日本漬物協同組合連合会のウェヴサイト（http://tsukemono-japan.org/）を参照されたい．

2. 食品衛生7S活動導入

2.1 新工場に移転して

　2002年3月に同市内に5箇所に分散していた工場・配送センターを現在の場所に移転し，新工場を稼働させた結果，各ラインの稼働状況に応じ作業員の移動がスムーズになり効率化が図れた．

　新工場の移転時に考慮した点
- ・外部からの昆虫類などの侵入を防ぐために，外部とつながる場所には前室を設ける．
- ・下処理室，包装室，梱包室と区分けを行うように設計する．
- ・従業員の出入り口を製造室ごとの専用になるように設計する．
- ・原料入荷から製品出荷まで，物の流れをワンウェーになるように設計する．

2.2 食品衛生7Sの導入の契機

　過去に工場内の整理整頓を試み，不要な物の処分，定位置管理を行おうとしたが，製造現場の作業員に浸透せずほとんど進展しなかった．その原因は，どのように整理整頓を行ったらよいかわからなかったためと思われる．工具箱の中の整理整頓も試みたが，数か月後には以前の状態に戻っているという繰り返しが続いていた．

　そこで，昨今の食品の産地偽装問題，異物混入，細菌汚染などの食品事故などにより，食品の安心・安全に対する消費者の期待が増してきたことに伴い，弊社としてまず何ができるかということを考えたところ，食品製造現場での衛生管理の基本となる食品衛生7Sを導入することとなった．

2.3 食品衛生7S活動の取組み開始

　2008年5月に，弊社社長から会社方針として食品衛生7S活動を行うことがキックオフ宣言された（写真D.3）．

　工場長，副工場長，生産部のライン長が主体となって品質管理，開発，総務の各担当者をメンバーとした7S委員会を発足させた．7S活動では，月1回，コンサルタントの角野久史氏［（株）角野品質管理研究所代表取締役］と工場を巡回しながら問題箇所を指摘し，その箇所の改善を重ねている（写真D.4）．具体的には，工場巡回を行い，その後に7S委員会を開き，各担当者が先月の指摘内容の改善報告を行い，さらに，今回の工場巡回の指摘内容について角

野氏から説明を聞く形式で活動を進めている（写真 D.5）．

写真 D.3 社長よりキックオフの宣言

写真 D.4 7S工場巡回風景　　　　**写真 D.5** 食品衛生7S委員会風景

2.4 食品衛生7S活動の効果と課題

　食品衛生7S活動では，毎月PCO業者も加わって工場巡回を行っている．そのとき，PCO業者からは工場内のどこで虫が発生しやすいか，虫やネズミが侵入しやすい場所はどこかなどを，防虫防そ（鼠）の観点から指摘してもらうとともに，当日の7S委員会で指摘内容について説明をしてもらう．その結果，PCO業者から直接指摘を受けられるとともに，わからない点は直接質問もできる．それが非常に刺激になり，従業員の意識が大きく変わった．このように7S活動の工場巡回と防虫防鼠管理を組み合わせて行うことは，大変有効である．

　今後の課題は7Sの一つである躾について，いかに理解を深めてもらうかで，この教育には継続と工夫が必要となるであろう．個々の活動について"なぜ，そうするのか？　なぜ，それではいけないのか？"などの理由をよく理解してもらえるように教育していくことが重要となる．

　2012年12月より半年に1度，活動内容に応じて表彰を行うことにした．7S活動を小集団のチームに分け，活動内容を発表してもらい，上位チームを表彰することによりモチベーションの維持と全員参加を意識してもらうためである．この表彰制度の評価方法を，重視している順に示すと，パートさんの参加状況，改善内容，工夫度，継続性，プレゼン力で評価を行い，最優秀チームには全社へ発表をしてもらい他のチームの参考にしてもらえるようにした．

3. FSSC 22000 導入の経緯

3.1 食品衛生7S活動を土台に更なるステップアップ

食品衛生7S活動を開始して4年が過ぎ，更なるステップアップを目指すため，2012年7月からFSSC 22000の認証取得へ向けISO委員会を立ち上げ食品安全チームを発足し，コンサルタントの鈴木厳一郎氏［フードクリエイトズズキ(有)］のご指導を仰ぎながら活動を進めた．

食品安全チームはチームリーダー，事務局，生産部より工場長，副工場長，品質管理部，商品開発部，物流部，総務部（受注業務，施設設備メンテナンス含む．），本社営業課のメンバーで構成した．

力量については各自に十分な力量があることが理想であるが，弊社では食品安全チーム内で各自の持っている力量を合わせて食品安全チーム全体で必要な力量を確保できたと考えている．

4. 認証取得への苦労

4.1 FSSC 22000の認証取得に向けて

2012年7月からFSSC 22000の認証取得に向け活動をスタートした．FSSC 22000の認証取得の目標時期を2013年7月に設定し，コンサルタントの鈴木氏と協議の上スケジュール化を行った（図D.1）．2週間に一度，ISO委員会の場を設け，コンサルタントの鈴木氏よりISOの規格要求事項等の講義を受けた．講義後は鈴木氏，食品安全チームリーダー，事務局で，規格要求事項を弊社ではどのようにすれば適用できるかの検討を進めた．検討した内容についてはISO委員会や製造会議等で他の食品安全チームメンバーや生産部に報告をした．

4.2 マニュアルの文章化

生産現場では多数のマニュアルが存在しているが，具体的に文章化されているものが少ないのが現実であった．そこで現在ある個々のマニュアルの中身の確認を行い，順次文章化していく作業を行った．基本的にはマニュアルの文書化は，現状行っている行動をなるべく活かし，それを文章化した．文書化したマニュアルは生産現場で実行してもらい，必要に応じて見直しを繰り返し行った．

4.3 規格要求事項と現状の設備ギャップについて

FSSC 22000のハード的な要求事項は，ご存知の通り代替案で対応可能である．そこでISO/TS 22002-1の規格要求事項と弊社の製造現場を照らし合わせながら，規格要求事項の内容に適合するよう，ソフト面とハード面の両方で代替案について検討を行い，弊社の"一般衛生管理規定"を作成した．以下にハードに関連する事例を数件紹介する．

事例1：床面の水溜り対策

要求事項では"床は，水溜りを避けるように設計されなければならない．"（ISO/TS 22002-1:2009 5.3）と書かれている．ドライ化の要求である．現状，弊社の浅漬の生産現場では生産を行うにあたって水を多用しており，工場新設当時からドライ化の発想がなかったため，床面にはかなりの水をたれ流しにしている状態である．

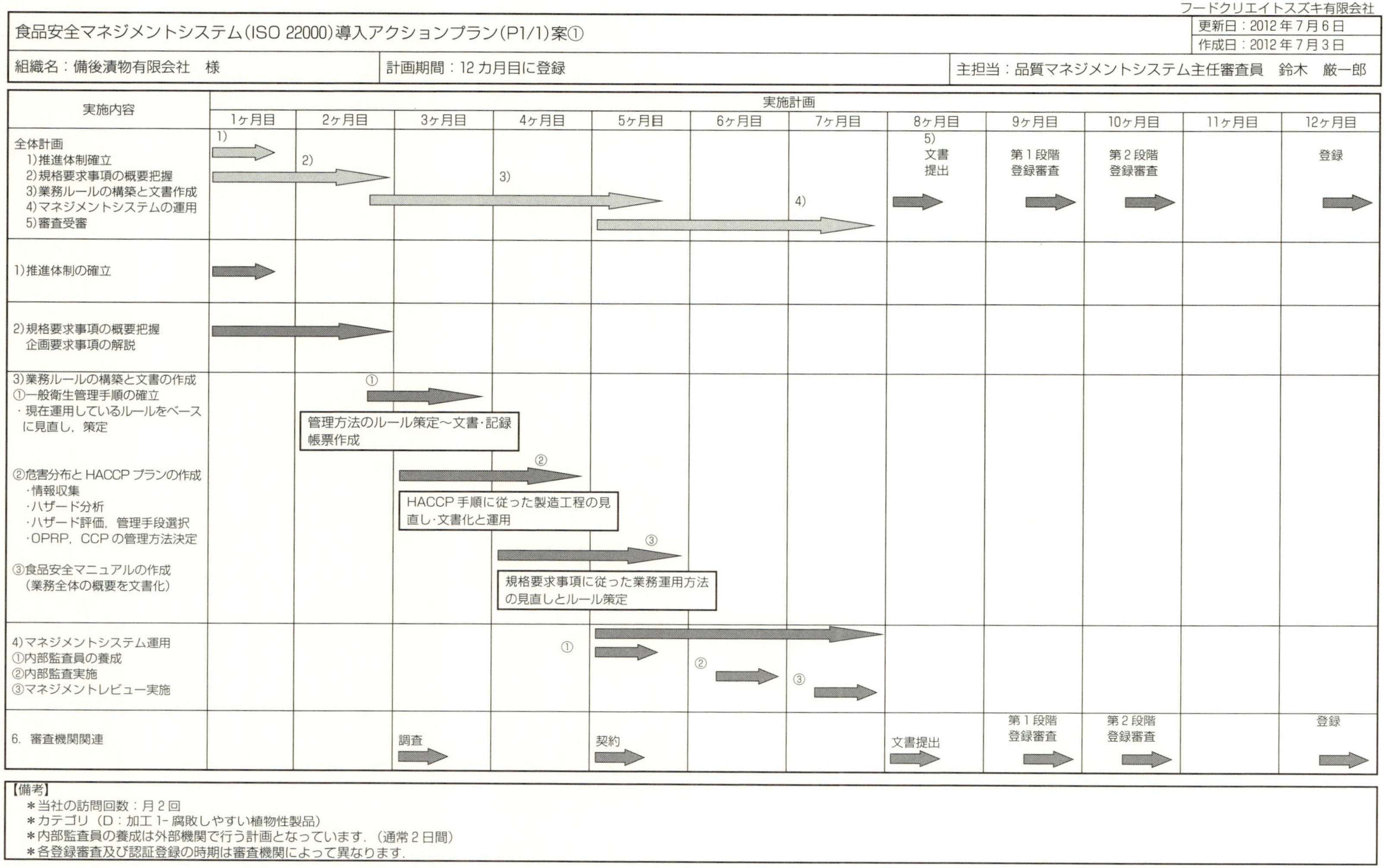

事例D 漬物工場：備後漬物（有）

食品安全マネジメントシステム（ISO 22000）導入アクションプラン（P1/1）案①													フードクリエイトスズキ有限会社
組織名：備後漬物有限会社　様						計画期間：12ヵ月目に登録							更新日：2012年7月6日 作成日：2012年7月3日
												主担当：品質マネジメントシステム主任審査員 鈴木 厳一郎	

実施内容	実施計画											
	1ヶ月目	2ヶ月目	3ヶ月目	4ヶ月目	5ヶ月目	6ヶ月目	7ヶ月目	8ヶ月目	9ヶ月目	10ヶ月目	11ヶ月目	12ヶ月目
全体計画 1）推進体制樹立 2）規格要求事項の概要把握 3）業務ルールの構築と文書作成 4）マネジメントシステムの運用 5）審査受審	1)↑	2)↑	3)→				4)→	5)文書提出↑	第1段階登録審査↑	第2段階登録審査↑	↑	登録↑
1）推進体制の確立	↑											
2）規格要求事項の概要把握 企画要求事項の解説		↑										
3）業務ルールの構築と文書の作成 ①一般衛生管理手順の確立 ・現在運用しているルールをベースに見直し、策定		① 管理方法のルール策定〜文書〜記録 帳票作成										
②危害分析とHACCPプランの作成 ・情報収集 ・ハザード分析 ・ハザード評価、管理手段選択 ・OPRP、CCPの管理方法決定			② HACCP手順に従った製造工程の見直し・文書化と運用									
③食品安全マニュアルの作成 （業務全体の概要を文書化）				③ 規格要求事項に従った業務運用方法の見直しとルール策定								
4）マネジメントシステム運用 ①内部監査員の養成 ②内部監査実施 ③マネジメントレビュー実施				①		②	③↑	↑				
6. 審査機関関連		調査		契約				文書提出↑	第1段階登録審査↑	第2段階登録審査↑		登録↑

[備考]
＊ 当社の訪問回数：月2回
＊ カテゴリ（D：加工1-腐敗しやすい植物性製品）
＊ 内部監査の養成は外部機関で行う計画となっています。（通常2日間）
＊ 各登録審査及び認証登録の時期は審査機関によって異なります。

図D.1 FSSC 22000 認証取得のスケジュール

この要求事項に対して，床面の排水ができやすいように簡単な溝の加工を行っているが防ぎ切れない．そこで代替案を検討した結果，時間を決めて水切りで水を切って水溜りを除去するルールを作り運用を行った．

しかし，結果として十分ではないとの結論に至り，再度，危害分析を行い，水が溜まっても水はねを起こさないように通行するというルールと水溜りが発生しやすい場所には台車，備品類を置かないというルールに変更し運用をした（写真D.6）．その結果，水溜りを完全に除去することはできなかったが，水はねによる汚染は回避することができているため一応満足できる状態になっている．

写真 D.6 水はねを起こさないようにリフトで走行

事例2：コンプレッサーオイル

要求事項では"コンプレッサーに油が使用され，そのコンプレッサーからの空気が直接製品に接触する潜在的な可能性のある場合は，使用する油は食品用グレードでなければならない．"（ISO/TS 22002-1：2009　6.5）とある．

コンプレッサーからのエアーが直接製品に触れる，又は直接製品が触れる包材にかかるエアーが対象となるため，工場内のコンプレッサーからのエアーについて確認を行った．その結果，食品グレードの潤滑油ではないことが判明した．そこで，代替案の検討を行った．

① オイルフリーのコンプレッサーへ入替え
② 食品グレードの潤滑油に変更
③ オイルフィルターの見直し

以上の代替案が出たが　①，②はコスト面と配管内に既にあるオイルには対応ができないため却下となった．そこで，オイルフィルターの見直しを行い，要求事項に合致するオイルフィルターを探し取り付けを行って要求事項をクリアした．オイルフィルターメーカーにはエアー中のオイル量を測定器で数値化した成績書を出してもらう．その際，エアー中のオイル量を測定する測定器の校正記録ももらい代替案の安全性を担保した．後は定期的なメンテナンス計画を組んで対応した．

事例3：壁面と床の接合部のR

要求事項では，"加工区域では，壁と床の接合部に丸みがあることが推奨される．"（ISO/TS 22002-1：2009　5.3）と規定されている．

弊社工場は，壁と床の接合部には丸みはない．その代替案として，床と壁の接合部分に残渣

などの汚染物が蓄積するのを防止することに重点を置き検討を行った．その結果，床の"清掃・洗浄マニュアル"では，清掃手順と清掃道具の組合せにより，残渣を除去できる清掃ルールを定めて対応を行った（写真 D.7，写真 D.8）．

写真 D.7　大まかな清掃

写真 D.8　壁と接合部分の清掃

4.4　FSSC 22000 認証取得

食品安全チームメンバーを中心に工場全体で取り組み，2013 年 7 月に漬物業界初の FSSC 22000 認証を取得することができた（写真 D.9）．食品衛生 7S を行っていたことにより，前提条件プログラムの要求事項についての基礎的な考え方ができていたため，今まで取り組んでいた 7S 活動をベースにルールの構築を行い現場へ浸透することができた．

写真 D.9　認証書

5. 今 後 の 課 題

5.1　マニュアルの定着

現場作業のマニュアル化（ルール化）を行い運用して，検証を行いよりよい方法に変更してPDCA サイクルを回してレベルアップを図っていく必要がある．

そのためには，自社内の話し合いだけではなく，幅広く情報を得ることにより，新たな案が

生まれてくることがある．その一つとして，食品関連のセミナー，講習会などへの参加が有効と考えられる．

5.2 食品関連のセミナー等で広く意見，考え方の情報を収集し自社の見解を構築

追加規格要求事項で検査についての考え方は当初どのように考えていけばよいか不明であったが，食品安全ネットワークの研究会をはじめとする食品関連のセミナーで得られたいろいろな意見を参考に考え方をまとめていくことができた．結論として，可能な限りいろいろなセミナーに参加することによって問題解決のヒントを得られる可能性がある．

最後に，当社の食品衛生7S活動の指導をいただいている角野久史氏，FSSC 22000のコンサルティングをしていただきました鈴木厳一郎氏，並びにPCO業者の（株）東洋産業様に深くお礼申し上げます．

事例 E　食肉工場：鳥取県畜産農業協同組合

1. は じ め に

　O157 による食中毒，BSE の発生，産地偽装，生食による食中毒死問題，原発事故による稲ワラの放射能汚染など，食の安全問題の上で牛肉業界は，トップランナー的に，絶えず矢面に立たされてきた．

　2001 年 9 月 10 日，日本初の BSE 発生となった．それ以降 21 世紀に入り，食に対する多くの問題点がクローズアップされてくるとともに，消費者の権利意識も向上し，消費者基本法の確立など，食に対する安全と安心のための対策も大きく前進してきた．

　しかし，急速な食のグローバル化により，食の安全に対する対策は，フードディフェンスなど，単なる製造工程や品質管理だけでなく，その時代の経済社会的な背景を踏まえた対策も必要とされる様相となっている．人間のあり方，企業活動のあり方，社会のあり方を含めた倫理観や社会的正義が問われなければ，根底から解決することはないかもしれない．

　鳥取県畜産農業協同組合（以下，当農協という．）は 2005 年 12 月に，ISO 22000 を取得した．業界では最も早く，また，牧場という生産分野から，食肉処理加工場，物流，店舗，レストランという，文字通り"牧場から食卓まで"の一貫したトータルなマネジメントシステムの認証は，他になかったのではないかと思う（表 E.1）．

　また，2010 年には，畜産大賞という日本一の賞をいただいた．国内畜産分野での技術部門，経営部門，地域振興部門などの各部門で大賞が選ばれ，その中から畜産大賞が一つ選ばれるのであるが，その賞をいただいた．しかし，事業と食品の安全の取組みについては悪戦苦闘の連続である．ISO 22000 取得の翌年にはレストランで鶏肉による食中毒事件が発生するし，畜産大賞取得の翌年は初めて赤字決算に陥った．

　元来，私は百姓なので，世間に派手なアピールをすると必ず失敗する（反動がある）ので，欲をかかずに，おとなしくと考えているのだが，やはり落とし穴がある．

　近年は，何が起こるかわからない時代なので，"何が起こっても不思議ではない"という心

写真 E.1　食肉処理施設外観

表 E.1　ISO 22000 の取得内容の紹介

```
取得年月日　初回登録　2005 年 12 月 30 日
(1) 登録番号　　　　JS AF 003
(2) 登録範囲　　　　① 肉用牛の哺育から肥育
　　　　　　　　　　② 食用肉の加工，輸送及び販売
　　　　　　　　　　③ 惣菜製造及び販売
　　　　　　　　　　④ 食事（焼肉，バーベキュー）の提供
　　　　　　　　　　⑤ 仕入商品（野菜，畜肉製品等）の販売
(3) サイトごとの登録範囲
　　（株）美歎牧場　　　　　　　　　　　哺育センター及び牧場の経営管理
　　東部哺育センター，西部哺育センター　子牛の哺育
　　美歎牧場，八東牧場，日南牧場　　　 ⎫
　　一向牧場，中津原牧場，三本杉牧場　 ⎭ 肉用牛の肥育
　　製造部第一製造課　　　　　　　　　　牛枝肉の輸送，加工
　　製造部第二製造課　　　　　　　　　　牛精肉・豚商品の加工
　　製造部第三製造課　　　　　　　　　　惣菜商品の製造
　　製造部第四製造課　　　　　　　　　　牛内蔵・鶏肉商品の加工
　　営業部営業推進課・営業事務　　　　　牛部分肉・牛精肉・内臓肉・豚肉・鶏肉
　　　　　　　　　　　　　　　　　　　　惣菜の輸送・販売及び仕入商品の販売
　　やきにく工房パオ・　　　　　　　　⎫惣菜・ソフトクリーム・仕入商品の加工及び販売
　　美歎牧場バーベキューハウス　　　　⎭並びに食事の提供
　　TOSC 本店，生鮮館，津ノ井店　　　　⎫牛精肉・牛内臓・豚肉・鶏肉の加工，惣菜・丼物・
　　アスパル店，わかば店，わったいな肉工房⎭ソフトクリームの製造・販売及び仕入商品の販売
(4) 適用規格　ISO 22000：2005　適用除外：なし
```

構えで対処しているが，それにしても日豪 EPA から TPP など，牛肉業界については，いろいろ影響の大きいことが起こるものである．

本稿では，小規模な農協の実践例である，当農協の食の安全・安心などに関する取組みの紹介も含め，新工場設置のころの経過と反省，並びにその後の取組みや課題について紹介したい．

2. 1998 年新工場建設の経過

2.1　農協の設立と食肉事業の特徴

2.1.1　生協との産直事業の中で生まれ育った農協組織

当農協は，1979 年に，98 人の酪農家で設立した専門農業協同組合である．鳥取県では，既に酪農家の専門農協として，大山乳業農業協同組合があったが，酪農家の乳牛から生まれるオス子牛の育成肥育事業を行う農協として鳥取県東部地区の酪農家によって設立された．

設立の背景としては京都生協との産直のつながりがあった．実は，鳥取県の酪農家は，京都生協と 1970 年から牛乳の産直取引を開始している．1970 年代の酪農危機を産消提携で乗り越え，お互いの絆が強まる中で，酪農家にとっては"一層の経営安定"，消費者にとっては"安全で安定的な牛肉の確保"ということで，牛乳に続いて"牛肉も産直に！"ということで牛肉産直事業を開始．責任の持てる事業体とするため農協が設立されたわけである．

そうした経過の中で誕生した農協だからこそ，現在のトレーサビリティではないが，牛を出荷する前から，酪農家で生まれた子牛に，どれだけ餌を食べさせ，何か月飼養管理するといっ

2.1.2 食肉事業の展開

当初は,生体(生きている)のまま京都へ出荷していたが,京都生活協同組合の子会社で食肉処理加工を行っていた(株)京都プロダクトの全面的な指導のもとに,1984年より当農協で食肉処理加工事業を開始する.ゆえに,食肉処理販売事業は,今年で30年となる.

当時,地元での食肉業界は厳しい状態だったので,はじめは京都プロダクトの鳥取工場という位置付けで,処理加工を開始した.そして,実質的にも,処理技術,事業管理等は,十数年間にわたり京都プロダクトから指導を受け,今日の事業体制を確立してきた.

ただし,当時の加工施設は,倉庫を改造した処理施設であったため,大阪府堺市のO157事件発生前後から,処理能力の上でも,また安全性の確保の上でも,本格的な処理工場建設が必要となり,新工場の建設となった.

2.1.3 工場新設以降の当農協の取組みと事業展開

前述したように,事業については紆余曲折あるものの,新工場設置以降の事業実績は表E.2の通りである.

現在,生産牧場の飼養頭数は約2 000頭,枝肉の年間処理頭数3 100頭,約1 400 tの牛肉を扱っている.また直営牧場ではないものの,県内のブロイラーや豚肉も地産地消ということ

表E.2 事業実績

1998年 → 2013年
店舗・テナント　1 → 7店
牛の飼養頭数　300 → 2 000頭
食肉事業　12億円 → 22億円
従業員　40人 → 110人
グループ化・事業分野,事業展開の強化

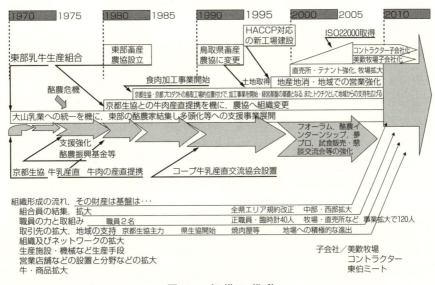

図E.1 組織の推移

で処理加工販売している．売上額22億円の小規模な食肉事業であるが，生産牧場での生産から，処理・加工，そして直売所の設置やレストランなど，牧場から食卓までの，一貫した事業展開によって，営業を行っている．

図 E.2　鳥取県畜産農協の紹介

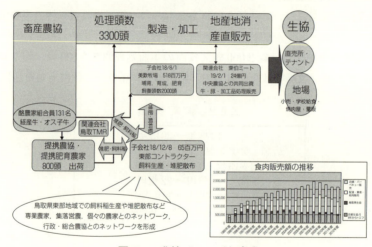

図 E.3　農協グループと事業

2.2　新工場設置の意義

新工場設立までの牧歌的な時代背景の中で，地元の牛肉として，地域に愛されてきた歴史もあった．しかし，21世紀を迎えるあたり，この新工場の設置は，我が農協の事業規模の拡大及び地域密着を進めるうえで，非常に大きな位置を占めている．

1998年の新工場の設置以降は，生協との産直事業のほかに，地産地消を軸に，地域の食肉事業を担う第一人者として，その事業を強化し，小売や地元スーパーチェーンへの提供，更にそのPCセンターを狙った取組みを強化．また，新工場を拠点とした製造販売の拡大だけでなく，生産現場でも，直営牧場での300頭から2 000頭への規模拡大，更には，耕畜連携として，地域の水田の有効活用など，飼料の自給率の向上の取組みも前進させてきた．2001年からは，牛の餌として，飼料稲の生産に取り組んできたが，当農協グループで収穫する飼料稲面積は現在180 haである．

現在，水田の有効活用の目玉となっている飼料米についても，2010年から取り組んでいる．

当農協の肥育牛には，牛の"主食"たる草として飼料稲をほぼ10割給与，"オカズ"である配合飼料の主原料であるトウモロコシを1割飼料米に切り替えて給与している．工場の設置は，食肉の供給のための畜産振興だけでなく，牛の餌を自給することによる地域の水田や環境の保全にも貢献できる仕組みづくりにつながっている．

3. 新工場を設置するまでのHACCPへの取組み

新工場を建設する1年前から，衛生管理を徹底する上で，古い工場での5S中心の実践と手順書作成に取り組んだ．特に，将来，食肉製造がHACCP対象となることを前提として取り組んだ．1997年当時は，まだ，HACCPの承認制度はスタートしていなかったが，牛乳が既に対象となることが決まっており，京都生協・品質管理の角野久史氏を中心に，毎月HACCP制度の研究会が開催されていた．鳥取からは，産直牛乳を扱う大山乳業農協と私のところが参加．牛乳の次は牛肉もなりうるということで，真剣に取り組んだ．

また，京都生協での研究会参加とあわせ，冷蔵施設等のメーカーである昭和アルミの提案により，新工場をたてる1年前から，武田薬品の専門家，近畿圏の大学の研究者による月1回の現場点検と指導を受けながら，HACCP委員会を設置しての活動を展開．各加工処理工程手順書作成から，職場の5Sの徹底等，月1回の学習指導を含めて，旧工場での衛生管理に半年間取り組んだ．

古い施設であったが，このときの取組みによって，見違えるほど，整理整頓と衛生管理が進んだ記憶がある．施設も大切だが，問題は職員の意識的な取組みであると改めて感じさせられた．新工場という機能で一定効果を発揮する期間はあっても，"大切な点は職員の継続的な取組みの強化だ"と想定させられたものである．

当時，各現業部門にとっては慣れない事務作業であったものの，皆が，作業のマニュアル化を進め，作業手順を確立した．これが，新工場での作業の原型となり，一部修正しながらも，ISO 22000の取組みのキックオフまで有効な手順書として引き継がれた．

なお，新工場の建設を検討する上で，当時，HACCP基準というものは定まってなく，建設業界も手探りの状態ではなかったかと記憶している．

そのため，日生協連主催の各生協畜産バイヤーのオーストラリア視察に参加させていただき，オーストラリアの最新の処理施設を視察しながら，仕様を考えたり，また食品安全ネットワークのアメリカ視察研修に職員を派遣して学習させたりもした．

仕様書が決まって，1998年，99年の2か年事業で処理工場の建設に取り組んだが，HACCP対応の施設については，建設が始まってから少しずつゼネコンからHACCP対応の提案が出てくるような状況であった．結果，知識不足と理解不足の点があったものの，とにかく，補助事業で，税金を使って建設するわけであるから，"日本一の処理工場にする"，"少なくとも10年は耐えうる工場を作る"という意気込みで着手した．

売上げが12億円のときに，借金残高7億円超となり，大変であったが，事業自体は国5割，県・市各1割の補助をいただき，建設できた工場である．後年いろいろ問題点も発生したが，取扱事業量の割には，りっぱな施設ができたと考えている．

4. 新工場の内容

4.1 牛肉のフードシステムの基礎条件

生産現場→と畜場→処理加工施設→流通・販売施設という一連の流れの中で，重要な点は，微生物の汚染の防止，増殖の防止による細菌数のコントロールである．

今日的には，フードチェーンの概念が一般的となってきたが，いかにすべての工程で衛生管理ができるかは大きな問題であった．すなわち，加熱処理ができない精肉製造において，最も重要な要素が，温度管理であった．

4.2 温度設定と温度管理システム

処理施設の温度管理を徹底するため，各部屋の温度などを集中管理及び自動記録するシステムを設置した．労働環境上低温すぎるではないかなど心配な点もあったが，すべての食肉処理作業室は温度10℃設定し，微生物の増殖を抑制した．ドッグシェルターを入庫・出庫室入口にセットした．枝肉搬入前室・枝庫は－1～0℃に設定，出荷前室は5℃で管理．ゴミ保管庫も3℃管理とし，工場全体で微生物の増殖を抑えた．その他，部分肉・精肉のためのチルド製造庫，冷凍庫，急速冷凍庫を設置した．

なお，基本的に作業室はドライフロアだが，仕事終了後には，熱湯消毒を含めて洗浄するため，乾燥と微生物増殖防止のために夜間も10℃で管理することにした．ただし，電気代節約のため，数年後に業務終了後の作業室は除湿機を導入し，冷房管理は停止することになった．

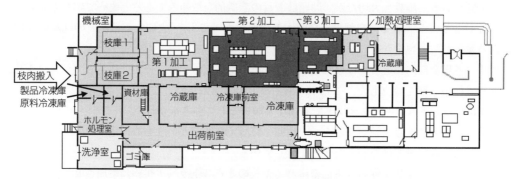

図 E.4 処理加工工場 平面図

4.2.1 温度管理と施設の問題点

① 見学通路と作業室窓の結露
　窓は，2重構造としたが，夏場は内外の温度差が大きく，結露が発生した．これは，カビ等の原因となる．

② 冷凍庫，冷蔵庫と隣接している通路，前室，資材庫等，通常温度のスペース側のパネルに結露が発生した．特に冷凍庫に設置している壁の結露が激しく改良工事を実施した．

③ 天井裏についても，作業室や冷凍・冷蔵庫の温度との温度差が大きいため，結露対策が必要とされた．

4.3 微生物の汚染防止及び滅菌対策

温度管理と同様に重要なのが，初発菌数の抑制と，滅菌，増殖防止対策である．

4.3.1 搬入原材料の微生物コントロール

第1のポイントは，牛の生産現場から，と場の食肉センターに搬入される場合に，牛体の洗浄を含め，極力汚れを防止することである．牛糞等については，極力体表面に付着させないようにして搬入する．

第2のポイントは，と場の処理体制はさておき，枝肉として処理された牛肉を新工場に搬送する工程での汚染防止や増殖防止対策である．枝肉半頭が約230 kgあるため，当時は，食肉センターからベルトコンベアで搬出し，運送車の荷台に寝かせて輸送していた．ベルトコンベアは工場外にあり，その都度洗浄されることはなく，汚染源となること，更に，運送車の荷台に寝かせて運送することは，肉質の劣化とあわせ，汚染のレベルも高いことが懸念された．

そのため，新工場建設に当たって，運搬車も，食肉センターから新工場につなげる施設の一部という認識の下で，当時全国に2台しかなかった牛の懸垂型トレーラーを導入した（図E.5）．車高が道交法違反にならないように工夫したり，重量の大きい牛の枝肉のため，トレーラーへの枝肉の搬入出のやり方，労働安全上の課題，トレーラーから新工場への搬入のやり方など，かなり試行錯誤した．

トレーラーを受注していただいた製造会社が山口県にあったので，改造のため，山口まで通ったものである．

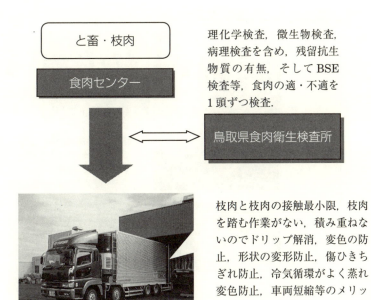

図 E.5

4.3.2 施設のゾーニングと機能

図 E.4 の平面図では，網掛けの濃い第 2 加工，第 3 加工室が清浄区，薄い網掛け部分が準清浄区，その他は汚染区として区分．準清浄区はもちろん汚染区を含めて温度管理による微生物コントロールに取り組んだ．

(1) 準清浄区（写真 E.2, 写真 E.3）

冷蔵庫，出荷前室，第 1 加工室などについても準清浄区として整理し，温度コントロールをはじめ，工場入室の場合の手，長靴，衣服の洗浄・殺菌，エアシャワーなどの体制を整備した．

さらに，枝肉冷蔵庫出荷前室，第 1 加工，ホルモン処理室，製造冷凍庫を含め，各作業室にはオゾン殺菌ラインを設置した．

枝肉冷蔵庫

晩 オゾンガス消毒

第 1 加工室

解体・脱骨・計量・トリミング（解体・脱骨ライン）

まな板の軽量化と交換による衛生管理

ステンレスのローラー消毒機能追加(スティーム等)

1 頭の部位別重量スキャナー

写真 E.2

事例 E 食肉工場：鳥取県畜産農業協同組合

真空包装　チルドブロック
- 真空包装
- シュリンカー冷却
- 金属探知
- 計量
- 保管

↓

冷蔵庫

写真 E.2　（続き）

　殺菌効果，消臭などにオゾンの使用による効果はあるものの，人体への影響を考えて，利用は夜間の時間に限定した．

　なお，数年後にはオゾンにより扉のゴムパッドの腐食などの劣化，天井の空調施設のサビの発生など課題も多く，現在は使用を停止している．

　枝肉冷蔵庫から，第1加工室にかかる枝肉の処理工程については，枝肉庫での温度管理，作業室の温度管理，更には作業上の衛生管理を徹底する上での工夫に取り組んだ．

　まな板の交換と洗浄殺菌を徹底するための軽量化．ステン製のベルトコンベアの担当者ごとの移動ボタン設置，ベルトの殺菌消毒の仕組み，フロア，最終の洗浄殺菌が可能となる床施工や側面・見学窓の施工などが工夫した点である．

その他作業工程の特長
- トリミング前，トリミング後の個別データのスキャナー取り込み
- 軍手の半頭ごとの取替え（洗浄，冷蔵保存したもの）
- ナイフの湯洗　1頭ごと
- まな板半頭ごと　スクレバー，アルコール噴霧
- 部分肉は，生協仕様等にトリミング処理
  ※セットで冷蔵2℃で保存した場合
  21日目が最良の熟成
  2℃±2で2.5か月間保存可能

写真 E.3

(2) 清浄区でのクリーンルーム仕様（写真 E.4，写真 E.5）

第2加工室は，ブロック肉のスライスや焼肉などの精肉パック商品の製造，また第3加工室は，コロッケや，ほほ肉の煮込み，牛丼の素などの惣菜冷凍商品の製造を行うスペースであった．

そのため，ヘパフィルター付の空調施設を12基設置した．レベルは10 000クラスで精密機械工場仕様のクリーンルームとなった．これは，空中浮遊菌の調査を含めての設置であった．

当初，クリーンルームとは，文字通りの清浄室程度にしか考えていなかったが，実際に進めるに当たってはかなり大変であった．

より高度なエアシャワーの設置が必要なこと，高価なヘパフィルターを利用すること，更に作業衣も埃の出ない専用の無塵衣を利用しなければならないこと，その専用作業衣を洗浄する洗濯業者が県内にないなど，将来のランニングコストや持続できる体制についての懸念もあったが，可能な限りやろうということで衛生管理体制を整えた．

ヘパフィルターの汚染度程度については，数年間，天井裏に入ってチェックしたものである．

人の動線
- 事務職と製造職の区分
  入り口，更衣室，便所をそれぞれ区分し，汚染を最小限とする．
- 長靴室・クリーンルーム入り
  ブーツドライヤーとオゾン殺菌付，ローラー設置．

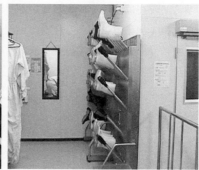

写真 E.4　クリーン度に応じた入り口の区分

指洗浄（ノンタッチ　石鹸，湯，エアタオル，殺菌）　　エアシャワー　　出荷前室（5℃管理）

写真 E.5

| 第2·3加工室 | 無塵衣着装(長靴室) | 手洗浄 |
| 高度エアシャワー(自動開閉) | 高度クリーンルーム(第2,3加工室) |

第2加工室(クリーンルーム)

写真 E.5 （続き）

(3) 汚染区等その他施設の配置（写真 E.6）

人の動線のほかに，物の動線，資材等の動線についても考慮する必要があった．

枝肉のほかにホルモンの受入れをするため，搬入口や処理室等工程区分した．鶏・豚についても受入れと処理加工室の区分が必要とされた．

資材についても，出荷前室からの受入れとせざるを得なかったが，虫や微生物コントロールという視点からすれば，やはり搬入経路を区分する必要があった．

廃棄物については，微生物の増殖を防ぐこと，また工場施設への汚染を防ぐために，冷蔵管理とした．

その他，工場の運営上必要な機能では，温度管理システムや検査システム・検査室の設置など，工程管理・衛生管理を検証する工場機能を設置した．

コンテナ洗浄室(コンテナを熱湯殺菌洗浄)　　　無塵衣等の洗濯

写真 E.6

ゴミ・骨保管庫

冷蔵室で別管理（冷蔵し，雑菌の増殖を抑制している．）

衛生検査室

温度管理・自動記録システム

写真 E.6　（続き）

5. 施設の改修経過と今後の課題

事業規模の割に，補助事業を利用することによって，諸機能を備えたコンパクトな施設ができたと考えている．しかし，新設以降の改修，また事業環境の大きな変化の中で，発生してきた問題もある．以下に何点か整理し，今後の参考になればと考える．

5.1 改修修繕した事項

(1) 枝肉の搬入路

枝肉冷蔵庫の前室も0℃帯での温度管理を実施し，トレーラーからはドッグシェルターに設置した搬入装置を用いる仕組みとしたが，設計は懸垂型大型トレーラーを前提としていなかったため入口の高さが低く，作業性が悪く，引き込みウインチなど，改善が必要とされた．

(2) 床の改修工事

第1，第2加工室については，ドライフロア仕様であったが，毎日作業終了時に熱湯での消毒を行うため，劣化が激しく，コンクリートの分離が著しかった．異物混入の原因にもなりかねず，約1 000万円かけて，材料を変えて張り直した．

(3) 断熱・抗菌パネルの改善

冷凍庫，冷蔵庫のパネルに接する常温側の結露問題が発生．一部は改修したものの，真夏の温度差の激しい時期には，依然として結露が発生する箇所もある．作業室については，昼夜冷房体制から，除湿機器を導入し，夜間は除湿のみの体制に切り替え，結露対策を実施したものの，結露は微生物の増殖の源となるため，一層の対策が必要である．

(4) 空調施設の修理・改善

オゾンによるさび，外気温との差が大きく負荷がかかるため，修理を含めランニングコストも高くつく．外気温との差以外にも，作業終了後は作業室全体の泡洗浄から，熱湯消毒を実施するため，温度が上がることなど，一連の作業工程の中での温度変化，湿度変化など，コントロールすべき作業室温度を考慮した空調調節機能が求められる．

5.2 今後の施設整備する上での課題

5.2.1 将来の事業展開を見通し対応できる人材育成

1998年建設当時よりHACCP対応ができる工場ということで各設備機能の充実を行い，またHACCP委員会での衛生管理に取り組んできた．そして，2004年にキックオフを行い，ISO 22000の取得に向け，再出発した．この間，社会的にも，食の安全を揺るがす多くの問題が発生し，また事業環境も大きく変化してきた．

改めて考えさせられることは，情勢への対応や機能のレベルアップへの対応を検討するにしても，やはり重要なポイントは職員——特に核になる職員の存在がキーとなることである．

ハードがいくら改善されようとも，絶えずよりよい施設機能を求める人材の存在こそが，不可欠だからである．技術や安全，品質確保については，これでよい，という限界はない．情勢や将来の事業環境を理解し，消費者ニーズ・社会ニーズを的確に捉え，かつ絶えず品質向上や事業改善に取り組む．そうした人材育成や確保の重要性を認識したい．その上で，新たに施設の新設を考える場合，次のような課題を上げることができる．

5.2.2 多様なニーズに対応できる施設機能

牛の取扱数量，販売額の倍増，更にチルド商品から冷凍商品の増加など，事業環境の変化や事業展開の方向性が多様化していく時代である．投資コストの削減という利点はあるものの，補助事業での施設のため，建設後の変更は非常に難しい点があった．冷凍庫などが必要最小限の規模であったり，惣菜部門等は，商品開発研究のスペース程度に制約された．

将来を見通し，10年先の事業展開を想定することは困難なものの，食の安全や付加価値の多様化など，時代要請にあった事業も展開ができる規模と機能を備えた工場設置を考えたい．むろん，箱というべき，施設の全体スペースの増改築は別にしても，製造ラインや製造機械の設置の多様性，パネル方式での温度管理やスペース管理の多様な対応，更に重装備や生産性重視のラインだけでなく，労働集約型の製造ライン，多数の小規模ユニットでの製造などに柔軟に対応できるゾーン対応型施設の設置が必要であろう．

衛生管理機能については，機械の生産性や機能の向上が大いに進む中で，ITをはじめ，情報・データ管理の技術進歩を取り入れうる事業規模と仕組みを考えておく必要がある．

IT技術を取り入れた管理機能と記録機能，業務分析機能，また原料由来の微生物のコントロールや原料の情報管理も一層重要となる．さらに，フードディフェンスではないが，施設，器機，資材，原料のほかに，働く人間のコントロールや情報管理，コンプライアンスやガバナンスを保証しサポートするシステムも今後は必要となろう．

それらを踏まえて，次のステップはGFSI認証の国際規格FSSC 22000にも対応できるシステム構築が急務であると考える．

6. 食肉業界の今後の役割

　これまで，単に精肉の製造加工だけでなく，生産から製造，そして販売・消費へと，一貫したフードシステムを前提として，ISOのシステムに取り組んできた．当然，施設での安全衛生は重要な要素であるが，施設自体の役割は，農家の所得の確保，消費者への継続的かつ安全で美味しい商品の提供に貢献するものでなくてはならない．

　食のグローバル化の進展に伴い，国内の食の安全性や安定性は，一層厳しく問われてくると思われる．また，その一方で，グローバル化を背景にして，急激に進んできている商社・大手小売り等の生産から製造・販売までの垂直統合・食の6次産業化等は，単に利潤追求に走れば，地域の農業や畜産の健全な発展を脅かす要素もある．

　現在，地域の農業・畜産を守り持続していくためにも，現場・地域からのバリューチェーンの構築ができないものかと日々悩んでいる．地域の畜産現場の生産と食の健全な発展を保証し，真に生産と消費を結ぶという使命に立った製造機能，施設と機械はどういうものか．畜産・食肉に携わるものとして，今後一層厳しくなる情勢下にあるが，生産から消費を結ぶ役割と機能を模索していくつもりである．

事例 F　食肉加工工場：明宝特産物加工（株）

1. ソフト対策を中心にした衛生管理システムの構築

　弊社における衛生管理システムの構築は，設備の改修等のハードを優先にしたものではなく，まずは HACCP や一般衛生管理などのソフトの構築を中心に現場で実践できる衛生管理から進めている．そのスタートは，最初にコンサルタントからいただいた提案の中に"ソフト重視"のコンセプトがあったことによる．その内容は，"中小企業では人材育成が重要であり，難しい言葉や理論を振り回すのではなく，現場が行っていることが科学的な根拠につながる仕組みになっていく衛生管理を構築する"というものであった．そのため，ハードへの大きな投資は事業計画に従って進められ，衛生管理システム構築の進捗に必要な部分の修理や改修のみを行うことができた．その結果，無理をしないで高度な衛生管理システムの構築をするとともに人材の育成に重点をおくことができ，着実に衛生管理システムのレベルアップをすることができた．

2. 企業紹介と基幹産業としての役割

2.1　ハムづくりを地域産業に

　弊社の主力製品である"明宝ハム"は，1953（昭和28）年，当時の奥明方農協加工所の小さな1室で佐藤愛三氏が中心となり開発され，既に60年の歳月を経過した．明宝は，美濃地方の北端であり飛騨高地に位置し，奥明方にある大谷地区・寒水地区・気良地区・奥住地区・小川地区・畑佐地区・二間手地区が合併し，今の郡上市明宝となった．そのため，大半は山林であり耕作地も限られていた．当時の明方農協は，村の畜産振興と山間地の食生活改善のために動物性タンパク質を摂取することを目的にして"新農村建設国庫補助"事業でハムの生産に

（左端が佐藤愛三氏）

写真 F.1

取り組んだ．

　1973（昭和48）年　明方農協は郡上農協に合併し郡上農協明方支店となった．郡上農協は，ハムの生産が農協経営上赤字部門であったが，明方村の関係者は，郡上農協に対して何度となく"ハムは必ず人気が出てくるので，何とか生産を続けて欲しい"と強く要望していた．1980（昭和55）年　NHKテレビ"明るい農村"に明方村でのハムづくりが取り上げられ，全国放映されたことを契機として，ハムは次第に名声を高め，多くのファンを得るに至った．着色料・防腐剤・酸化防止剤を使わず良質な豚肉を原料に"手作り作業で100％豚肉"を売り物にしたことで，高度成長経済を背景に人気は上がり生産量は大きく伸びた．1980年に10万本，1983年19万本となり，1984年当時，お中元時期と年末は贈答品として人気があり品切れが続き，工場はフル稼働となり，日産800本を超える1400本になっても"幻のハム"と呼ばれるほどの人気商品になった．

2.2　明方（みょうがた）から明宝（めいほう）に改称

　1984（昭和59）年，販路は，明宝地区内が20％のみで，60％が隣接の八幡，残りの20％が郡外であった．これはマスコミの宣伝効果もあったが，地元の関係者の努力と村民の力強い支えがあったからであろう．このように，県内だけではなく，県外でも"おいしいハム"となり，この事態に対応するため，早急に工場を増築し増産をしなければならなくなった．

　1985（昭和60）年度"特認事業"として補助事業の採択の見通しに基づいて，1986（昭和61）年郡上農協が明方村と協力して現工場の場所で工場を拡張しハムの増産をする計画をした．ところが，農協は補助事業を断わり，従業員確保を理由に工場を隣接する八幡に移すことを決めた．しかし，明方村では，ハムの生産は村おこしの大切な特産品であると考えた．また，"めいほうスキー場の計画・会社の誘致"などで，村内での雇用を拡大し都会から若者・中堅層のUターンを増やし，豊かで活力のある産業基盤の拡充を目指していた．村の願いである働く場づくりの方向と違った郡上農協の構想に理解も協力もすることはできないとして，ハム工場の移転に反対した．

　1988（昭和63）年1月，新しく村が主導し，村内の7つの地区の消費組合・商工会・森林組合・畜産組合・村が出資し，村民総参加による第3セクターのハム製造販売会社"明方特産物加工株式会社"を設立した（写真 F.2）．新会社では，1953（昭和28）年から皆様に愛されて育てていただいた"明方ハム"の製造技術と美味しい手づくりの味を，そっくりそのまま活かした手づくりハムとして商品名は"明方の宝"という願いを託した"明宝ハム"として製造販売を開始した．県外では，明方村を"めいほうむら"と呼ばれ，"みょうがたむら"と呼ばれることはなかった．また，1989（平成1）年に開業した"めいほうスキー場"により，知名度を得ていた．明宝村への改称には，歴史ある慣れ親しんだ"明方（みょうがた）"の地名を捨てることに反対する村民もいたが，村おこしである地域産業の発展に向かったのである．以上の経過で，1992（平成4）年4月4日に村名を明宝村（めいほうむら）に改称した．

　このように，弊社は単なる食品企業としてだけではなく，この明宝地区を代表する企業であり，明宝地区のイベントに積極的に関わりを持ちながら，資金提供や人材を含めた応援をする立場にある地域産業の発展に寄与する企業であるので，廃業も倒産することもできない．

写真 F.2 正面玄関

3. 衛生管理の取組み

3.1 衛生管理の取組みのきっかけ

　現在，弊社の衛生管理は，コンサルティング契約をしている（株）帝装化成・奥田貢司氏との出会いから始まる．発端は，2004（平成16）年8月に，取引先の紹介でネズミの生息調査を依頼したことであった．その日，奥田氏は2時間以上も弊社の敷地及び工場内を調査された．聞取り調査から施設内での目撃がないことを確認し，工場内ではネズミによる具体的な被害や痕跡はなく，工場内では生息・繁殖してないという結論であった．報告のため，当時の高田徹社長（元会長）との面談の中で，衛生管理等についての意見を求められた奥田氏から以下のような提案があった．

現場で5S活動の実践をスタートする．
① 従業員が中心となった衛生管理体制の構築．
② まずは，設備投資よりもソフト重視で行う．
③ 社員の教育と仕組み作り（組織化）．
④ 次世代リーダーの育成．
⑤ 科学的な根拠に基づいた生産体制の構築　→"長年の勘に頼った製造から脱却"

＊"5S"から食品安全ネットワークが提唱する"食品衛生7S"に切り替えた．

　高田社長は，報告を受けながら"防虫防そ（鼠）管理だけでなく，5Sをベースにした衛生管理をスタート"することを即決した．トップとして高田社長は，当時"この会社に必要なことは何であるのか？"を，常に考えていた．まず，"何か事故が起こったら，どうなるか"，"地域の活性化の中心的な事業として，絶対に潰せない！　存続し更に発展させなければならない"ということであった．さらに，今まで以上にお客様に喜んでいただくために，"衛生管理の向上"が重要であり"おいしい"だけではなく，"科学的な根拠に裏付けられた安全・安心できる明宝ハムを提供すること"を目指すことが必要であり，会社全体に衛生管理システムを

導入し展開するには，どうすればいいのか悩んでいたが，良いパートナーにめぐり合えたと感じたのである．筆者も総務部門の担当者として，奥田氏とともに衛生管理構築に向けて，毎月の定期的な勉強会と現場でのルール作りに奮闘したことが懐かしく思い出される．

3.2 食品衛生7SからHACCP，ISO 22000へ

2003（平成15）年1月，キックオフ大会をして，衛生管理システムの向上を目指した食品衛生7Sをスタートさせた（写真F.3）．この時点においては，HACCP取得の計画は具体化されていなかった．食肉加工品の金属異物を検出するための金属探知機やX線検査機なども導入されていなかった．そこでまずは，食品衛生7Sの実践活動から製造環境を清潔にして，一般衛生管理の構築につなげていくという地道な実践活動を進めた．

写真F.3 キックオフ大会

現場の従業員には，おいしいハムづくりを真面目にやりながら，今まで大きな問題を起こしたことがないのに，衛生管理の取組みの導入には反発や疑問の声があった．従業員の意識の切替えや企業風土を変える難しさを痛感した．しかし，消費者や販売先からの製品に対する安全性の要求は，次第に大きくなっていたので，後戻りできない時期でもあった．事実，取引先からの現場監査や視察の依頼があると，日程を調整して前の日に従業員全員で工場内を整理したり，清掃することが当たり前であった．今では，いつ誰が来ても何も不安もなく，どんどん工場監査や視察に来ていただきたい――自分たちの工場を見て製品の価値を知っていただくことが，一番わかっていただけると確信している．その証拠は監査や視察に来たバイヤー様の反応に答えがある，"工場の中がキレイでとても安心できる"と高い評価をいただけたり，弊社の事情も理解していただき取引の交渉でもプラスとなることも多い．

> なぜ，"食品衛生7S"実践活動が衛生管理の土台になるのか！
> 　新しく衛生管理システムを構築するには，昔ながらの体制から若手が"やる気を持てる体制"に移行する必要があった．
> ① 現場で実行できる一般的衛生管理プログラムの構築
> ② 記録を必ず残す一般衛生管理プログラムの運営
> ③ 若手が中心となったグループ活動
> ④ 方法や手段を聞いて実践できるマニュアルは，誰でもわかるモノにする．
> 　"食品衛生7S（整理・整頓・清掃・洗浄・殺菌・躾・清潔）"の視点から"安全

と安心が見える形になる衛生管理の実践"をする．

＊一般的衛生管理プログラムの英語的な表現ではなく，あえて日本語のアプローチで目的・方法・手順・基準などを理解して実践する．

2007（平成19）年5月には，X線検査機の導入が決定し，岐阜県HACCP推奨工場の表彰に向けてHACCP7原則12手順の構築の準備が始まった．既に，一般的衛生管理プログラムの構築も進んでおり，予定通りに同年7月には予備審査を受け，8月には審査を通過した．11月には，食品HACCP推進優良施設の表彰をいただいた．表彰式の中では，弊社のHACCPへの取組みを発表させていただくこともできた（写真F.4，写真F.5）．

写真 F.4

写真 F.5

高田社長は，HACCP推進優良施設として，食品の安全・安心の取組みは良くなっていると感じていたが，消費者や取引先に"安全で安心できる明宝ハム"をお届けするために更にステップアップすることを考えていた．それには，ISO 22000システムを取得し，会社全体の衛生管理を更に強化することを決断し，2010（平成22）年5月の株主総会で発表した．

株主総会で発表する前に，高田社長に筆者と奥田氏が呼び出されてISO 22000システムの取得について方針と打合せがあった．そのときの高田社長のコミットメントは，今までも鮮明に記憶している．それは，"1年以内に取得の目処がない場合には，今後において衛生管理等の予算はない"という言葉であった．社内の事情や製造現場の状況でいろいろ調整をしながら進めていたところもあったが，高田社長から退路を断たれて背水の陣で臨むことになった．まず，生産計画と審査日程等の調整を行い，新たなISO 22000システムの取得までのスケジュールを高田社長に提出し承認をいただいた．なお，審査認証は，LRQA（ロイド・レジスター・クオリティ・アシューランス・リミテッド）とすることにした．

2010（平成22）年1月，ISO 22000による衛生管理システムの構築を目指したキックオフ大会を行い，ステージ1をその年の11月11日，ステージ2を2011（平成23）年1月24, 25日に審査終了．審査合格及び登録（写真F.6）は，同年5月25日となった．本来ならば，3月12日が審査会であったが，その前日に"3.11東日本大震災"が発生し審査会が延期になり，少し遅くなった．

写真 F.6 ISO 22000 の認証状

4. 設備改修時に考慮したポイント

既存の工場から HACCP や ISO 22000 等への構築に向けて，必要な項目や部分のみ改修を行った点についてまとめる．大きい設備的な投資は事業計画にあわせて行い，部分的な改修工事は，生産計画の中で時間的な余裕があるときに施工を行った．一般的衛生管理プログラムの構築に必要な最低限の内容のみである．2008（平成 20）年当時の第一工場と共有部分のレイアウトに改修を行ったところにマークしたものを図 F.1 に示す．

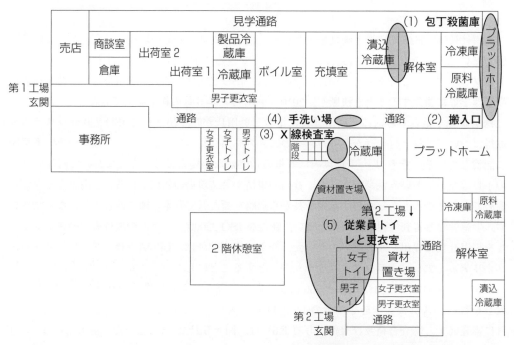

●の部分は，設備の改修等をした部分．

図 F.1 2003（平成 15）年　第 1 工場と共有部分のレイアウト図

(1) 包丁殺菌庫

1988（昭和63）年に完成した明宝ハムの解体室では，写真のような木製の包丁立て（写真F.7，写真F.8）を使用していた．コンサルタントの奥田氏から包丁立ての変更の提案はいただいていたが，今まで問題も起きていないことや現場スタッフのマイ包丁へのこだわりなどから，簡単に変更することができなかった．見学通路から見えるところに，包丁立てが設置されているので，会社の方針としても包丁殺菌庫に変更することにした（写真F.9）．

2003（平成15）年にスタートした衛生管理システムの構築前に，包丁殺菌庫を変更した．現場で実施されたATP検査の測定値（写真F.10）から，殺菌庫内の包丁でも洗浄殺菌の仕方によるばらつきが判明し，現場スタッフも目に見えない微生物管理の大切に理解を示すようになった．

写真 F.7 対応前の包丁立て

写真 F.8 対応前の包丁

写真 F.9 導入した包丁殺菌庫

写真 F.10 殺菌庫内の包丁 ATP測定値

(2) 搬入口

第1工場原材料の搬入口にあった廃棄段ボール置き場（写真F.11）が昆虫やネズミ等の生息場所となる可能性もあるので保管場所の変更を提案された．それには，廃棄段ボールの置き場を移動しなければならない理由が明記されていた．そこで，古いコンテナを購入し，敷地内に資源ゴミ置き場（写真F.12）としたことで原材料の搬入口を増設することができた（写真F.13）．原材料であるチルドのブロック肉を温度管理ができる状態で搬入できるようになり，

写真 F.11 対応前のプラットホーム

写真 F.12 新設した段ボール置き場

写真 F.13 新設した搬入口

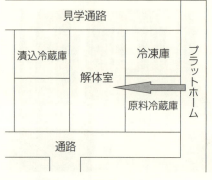

図 F.2 変更前のレイアウト図

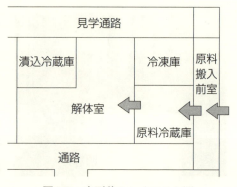

図 F.3 変更後のレイアウト図

搬入口からの入室手順や購買先への衛生管理意識の徹底になった．以前の状態では，搬入時プラットホームに横付けしたトラックの扉と工場側の冷蔵庫の扉の間には，屋根のない空間ができるので昆虫やネズミ等の侵入対策ができなかった．

搬入口が増設されたことで，この屋根のない空間が建物の内部になり，昆虫等の混入リスクを低減することもできた．また，冷蔵庫・冷凍庫が扉1枚で外とつながるという事態が解消されたのでセキュリティ面的にもよくなった（図F.2，図F.3）．

(3) X線検査室

第1工場から2階休憩室につながるところに，X線検査室を増設し硬質異物の検査ができるようにした（写真F.14，写真F.15）．新たな設備を導入するのは，限られたスペースの中で行うので簡単なことではなかったが，衛生管理のレベルアップには必要なことである．それには，今までと同じような管理や発注ではなく，根本的な見直しも行って，資材置き場の全体の整理・整頓を進めた．本検査機の導入によって，HACCPの衛生管理システムの構築をスタートさせることができた．以前からあった冷蔵庫は，異物確認をする前の製品を保管するための冷蔵庫にし，使用目的と保管場所が明確になり，製品の流れもスムーズになった（図F.4，図F.5）．

写真 F.14 新設したX線検査室

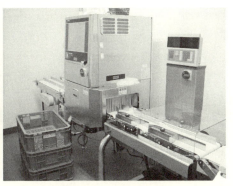

写真 F.15 X線検査装置

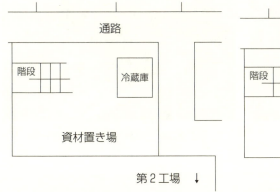

図 F.4 変更前のレイアウト図

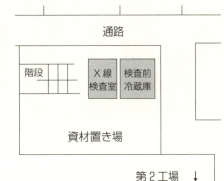

図 F.5 変更後のレイアウト図

(4) 手洗い場

ブロック肉の解体室には，二つの手洗い設備が設置されていたが，一度に大勢の人数が手洗いをするには，少し手狭なものであった（写真 F.16）．設備的な問題だけではなく，衛生レベルに応じたゾーニングの考え方がなく，手洗いができる所で行い作業を開始するという状態であった．

ゾーニングの問題だけはなく，汚染ゾーンから準清潔ゾーン入る段階での手洗い設備がなかったので（写真 F.17），HACCP による衛生管理を行うには必要であると考え，第1工場の通路に新たに四つの蛇口を持った手洗い設備を追加した（写真 F.18，図 F.6）．一人の手洗いが終わると横に移動するので，すぐに次の人が手洗いを始められるようになった．その結果，手洗い待ちの渋滞がなくなり，全員が解体室に入室するまでの時間が15分ほど短縮された．後に手洗い場には，温水も使用できる設備を追加した．この手洗い設備の増設・改修により，解体作業を行う清潔ゾーンでの衛生レベルのアップにつながった．

写真 F.16 解体室の手洗い設備

写真 F.17 対応前の通路　　**写真 F.18** 通路に新設した手洗い場

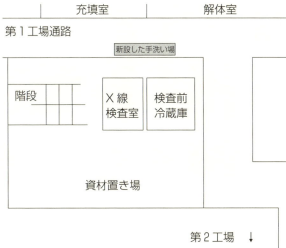

図 F.6 新設した手洗い場のレイアウト図

(5) 従業員トイレと更衣室

　岐阜県 HACCP の推奨工場の認定後，衛生管理の維持管理を進める中で，従業員の更衣室やトイレからの動線などを見直し，衛生管理ゾーンの移動や更衣手順などをスムーズにすることを考えた．第1工場と第2工場の真ん中に増設された2階建ての建物には，1階にX線検査室，資材置き場（写真 F.19）と検査前冷蔵庫があり，2階に休憩室がある（図 F.7）．現場スタッフの男女比率は，男性が20％に対して女性が80％となっているので，ヒト動線は女性の動きを中心に検討した．新設した手洗い場と2階休憩室との間でヒトの移動時間を考えると，資材置き場に女子更衣室を作ることがベストであると判断した（写真 F.20，写真 F.21）．新設した女子更衣室の場所にあわせて，男子入口及び女子入口も変更した（図 F.8）．

　一つの問題として，資材置き場をどこに移動させ保管させるのかということであった．それは，女子更衣室の上にロフトのようなスペースを作り，その部分を資材置き場にすることで解決した．空間を効率よく活用することで，現場の問題に対応することができた（図 F.7，図 F.8）．

写真 F.19 変更前の倉庫

写真 F.20　新設した更衣室

写真 F.21　新設した更衣室

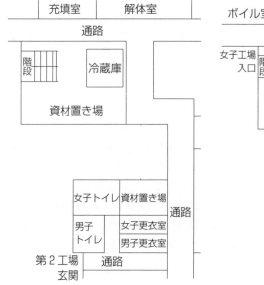
図 F.7　変更前のレイアウト図

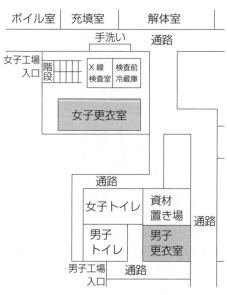
図 F.8　変更後のレイアウト図

5. 工場の新設に向けて

　弊社における衛生管理の構築の始まりは，施設内でのネズミの生息調査から始まる．コンサルティングのスタートは，やったことを記録することや手順を文書化していくことなど，できることをキチンと実践していこうというものであった．現場の従業員にHACCPや一般的衛生管理プログラムについて理解してもらいながら，衛生管理のシステム構築を進めていく．その結果が，岐阜県HACCP推奨工場の認定からISO 22000の取得につながったが，将来的にはFSSC 22000への移行も視野に入れている．現在の第1工場と共有部分で改修等を行ったレイアウトを図F.9に示す．

　やはり，1988（昭和63）年から使用している工場は，構造的な問題や設備的な老朽化も見られる．すべてがソフトで対応できるわけではないので事業計画では新工場の構想も検討されている．しかし，立派なハード設備を完備した食品工場であっても，運営するのはすべてヒト

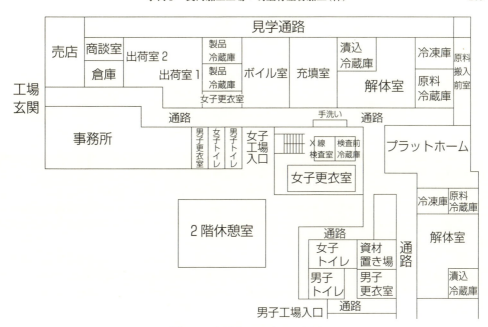

図 F.9 変更後のレイアウト図

である．そのため，施設や設備のハード的なパフォーマンスを活かすには，運営するヒトが基本的な衛生管理についての知識や実践力を身に付けていることが重要であると考えている．

　そこで，基本となる衛生管理システムの運用と構築を行い，現状の工場の問題を把握することから現場に必要な設備や工場とはどのようなものなのかを考えている．まだ新工場の計画は具体的になっていないが，新築工場には，自分のイメージする内容や項目を組み込んで清潔で安全な工場にしたいと思っているので，コンサルティングの奥田氏の紹介で研究会や施設見学にも参加して，いろいろな食品工場をリサーチしている．

　このように，日常的な問題や新しい情報を整理して，ハード的なスケールメリットを活かせるソフトの運用ができるように目指している．

参 考 文 献

本書の内容に関連する主要な文献を，以下に記す．

公的文書（HACCP，衛生管理）
1) CODEX-HACCP, CAC/RCP-2009 Recommended international code of practice general principles of food hygiene（国際実施規範勧告−食品衛生の一般原則）
  ・対訳 CODEX食品衛生基本テキスト，第4版，鶏卵肉情報センター，2011
2) ISO 22000：2005 Food safety management systems−Requirements for any organization in the food chain（食品安全マネジメントシステム−フードチェーンのあらゆる組織に対する要求事項）
  ・対訳 ISO 22000：2005 食品安全マネジメントシステム〈ポケット版〉，日本規格協会，2007
  ・ISO 22000：2005 食品安全マネジメントシステム要求事項の解説，日本規格協会，2006
3) ISO/TS 22002-1：2009 Prerequisite programmes on food safety−Part 1：Food manufacturing（食品安全のための前提条件プログラム−第1部：食品製造）
4) FSSC 22000 Food safety system certification 22000
  ・対訳 FSSC 22000，鶏卵肉情報センター，2012
5) 食品衛生法
6) 食品衛生法に基づく営業の施設基準等に関する条例（平成12年3月24日条例第8号）
7) 食品等事業者が実施すべき管理運営基準に関する指針（ガイドライン）（平成26年5月12日食安発0512第6号）

FSSC 22000対応工場のハード関連
1) 細谷克也監修，米虫節夫・角野久史・冨島邦雄編著（2000）：HACCP実践講座第3巻，こうすればHACCPシステムが実践できる，日科技連出版社
2) 金澤俊行・栗田守敏編（2007）：初めてのHACCP工場−建設の考え方・進め方，幸書房
3) 森本尚孝（2014）：「使える建物」を建てるための3つの秘訣−価値ある工場・倉庫・住宅を建てるためのパートナー選び−，カナリア書房

食品衛生7S関連
1) 米虫節夫監修，角野久史編（2013）：やさしい食品衛生7S入門〈新装版〉，日本規格協会
2) 米虫節夫・角野久史・冨島邦雄監修（2008）：食品衛生7S入門Q&A，日刊工業新聞社
3) 米虫節夫監修，米虫節夫・角野久史・冨島邦雄編著（2006）：ISO 22000のための食品衛生7S実践講座 食の安全を究める食品衛生7S（全3巻，合計540ページ），日科技連出版社
4) 米虫節夫・角野久史編：現場がみるみる良くなる食品衛生7S活用事例集，Vol.1-6（2009.2，2010.2，2011.2，2012.2，2013.2，2014.2），日科技連出版社

編集・執筆者略歴

角野　久史（すみの　ひさし）

■役職
　株式会社角野品質管理研究所代表取締役
　食品安全ネットワーク会長
　一般社団法人京都府食品産業協会理事
　きょうと信頼食品登録制度審査委員
　京ブランド食品認定ワーキング・品質保証委員会副委員長
　社団法人日本惣菜協会惣菜製造管理認定事業審査員
　消費生活アドバイザー

■学歴
　立命館大学産業社会学部

■専門分野
　食品衛生7S，食品表示，食品クレーム対応

■主な著書
・HACCP実践講座（全3巻）（編著，日科技連出版社，1999～2000）
・やさしい食の安全（共著，オーム社，2002）
・こうして防ぐ！　食品危害（共著，日科技連出版社，2003）
・やさしいシリーズ9　食品衛生新5S入門（共著，日本規格協会，2004）
・ISO 22000のための食品衛生7S実践講座　食の安全を究める食品衛生7S（全3巻）（編著，日科技連出版社，2006）
・食品安全マネジメントシステム認証取得事例集Ⅰ（共著，日本規格協会，2007）
・食品衛生7S入門Q&A（監修，日刊工業新聞社，2008）
・どうすれば食の安全は守られるのか（共著，日科技連出版社，2008）
・食品安全の正しい常識（編著，工業調査会，2009）
・現場がみるみる良くなる食品衛生7S活用事例集 Vol.1～6（編著，日科技連出版社，2009～2014）
・やさしい食品衛生7S入門　新装版（編集，日本規格協会，2013）
・フードディフェンス―従業員満足による食品事件予防（編著，日科技連出版社，2014）

米虫　節夫（こめむし　さだを）

■役職
　大阪市立大学大学院工学研究科客員教授
　食品安全ネットワーク最高顧問（前会長）

■学歴・職歴
　1959年3月　大阪府立北野高等学校卒業
　1964年3月　大阪大学工学部発酵工学科卒業
　1968年3月　大阪大学大学院工学研究科発酵工学専攻　博士課程（中途退学）
　1968年4月　大阪大学薬学部助手
　1983年4月　近畿大学農学部講師
　1986年4月　近畿大学農学部助教授
　1997年4月　近畿大学教授
　2009年3月　近畿大学　定年退職
　2009年4月　大阪市立大学大学院工学研究科　客員教授

■専門分野
　微生物制御，防菌防黴，食品安全・食品衛生，品質管理，発酵・醸造学，生物統計学

■学会活動等
　1965年　4月　（財）日本科学技術連盟品質管理BCコース講師，実験計画法DEコース講師など担当
　1971年　4月　（財）日本規格協会品質管理と標準化セミナー　講師など担当
　1975年　6月　日本防菌防黴学会評議員，理事，常任理事，副会長など歴任

1980年 4月	（社）日本医科器械学会 滅菌法標準化委員会委員，ISO対応委員会委員など歴任
1985年 1月	（財）日本科学技術連盟デミング賞委員会委員（〜2008年12月）
1991年10月	（社）日本品質管理学会評議員，関西支部幹事，同幹事長 などを歴任
1997年 7月	食品安全ネットワーク設立，現在 最高顧問，前会長
2005年 3月	PCO微生物制御システム研究会 設立・会長
2006年 2月	食品安全ネットワークで食品衛生7Sを提唱
2007年 6月	日本防菌防黴学会 会長（〜2009年5月），現在，顧問

■表彰
1977年11月	1977年度日経品質管理文献賞受賞（菌数計測ノート，『薬局』誌連載）
1980年 5月	日本医科器械学会1980年著述賞受賞（滅菌法，消毒法，共著，文光堂）
2000年11月	2000年度日経品質管理文献賞受賞（HACCP実践講座 全3巻，監修・共著，日科技連出版社）
2006年11月	2006年度日経品質管理文献賞受賞［ISO 22000のための食品衛生7S実践講座，食の安全を究める食品衛生7S（全3巻），監修・共著，日科技連出版社］
2008年11月	日本ブドウ・ワイン学会功労賞 受賞
2010年 5月	日本防菌防黴学会学会賞受賞

■主な著書
・HACCP実践講座（全3巻）（編著，日科技連出版社，1999〜2000）
・ISO 22000のための食品衛生7S実践講座，食の安全を究める食品衛生7S（全3巻）（編著・監修，日科技連出版社，2006）
・食品衛生7S入門 Q&A（監修，日刊工業新聞社，2008）
・現場がみるみる良くなる食品衛生7S活用事例集 Vol.1〜6（編著，日科技連出版社，2009〜2014）
・知らなきゃヤバイ！ 食品流通が食の安全を脅かす（共著，日刊工業新聞社，2010）
・通信教育テキスト『食品衛生7S入門』（監修，日本技能教育開発センター，2011）
・現場で役立つ食品工場ハンドブック 改訂版（監修，日本食糧新聞社，2012）
・やさしい ISO 22000食品安全マネジメントシステム入門 新装版（共著，日本規格協会，2012）
・やさしい 食品衛生7S入門 新装版（監修，日本規格協会，2013）
その他，著書・監修書70冊以上，原著論文210編以上，総説・一般雑誌原稿など，多数．

安藤 鐘一郎（あんどう しょういちろう）

■学歴・職歴
1967年	静岡県立藤枝北高等学校工業化学科卒業
	株式会社静岡ヤクルト工場入社
1970年	株式会社ヤクルト本社静岡工場転籍
1986年	株式会社ヤクルト本社富士裾野工場転勤（製造課長・品質管理課長）
2003年	株式会社愛知ヤクルト工場転勤（工場長）
2008年	株式会社ヤクルト本社静岡工場転勤（製品課主事）
2009年	株式会社ヤクルト本社退職
	※在職中，総合衛生管理製造過程承認取得及びISO 9001，ISO 14001認証取得活動を展開 品質管理活動展開（QCサークル，TPM，HACCP推進委員長）
現在	国際衛生株式会社サニタリー営業部アドバイザー
	（一財）日本規格協会 審査登録事業部 FSMS技術専門家
	（一社）京都府食品産業協会 京都信頼食品登録制度審査員
	食品安全ネットワーク 監査役

■専門分野
ISO 22000，FSSC 22000システム構築コンサルティング，食品製造工場従業員衛生教育指導

鈴木 厳一郎（すずき げんいちろう）

■役職
フードクリエイトスズキ有限会社

■職歴
自動車整備用工具メーカーを経て，2001年9月フードクリエイトスズキ有限会社に入社．食品メーカーへの衛生管理に関するコンサルティング業務の他，ISO 9001，ISO 22000認証取得の支援業務を担当．

▰専門分野
　食品工場の衛生管理，製造工程管理，マネジメントシステム（ISO 9001，ISO 22000，FSSC 22000）
▰主な著書
・ISO 22000 のための食品衛生７Ｓ実践講座　第２巻　食の安全を究める食品衛生７Ｓ　洗浄・殺菌編（共著，日科技連出版社，2006）
・食品衛生７Ｓ入門Ｑ＆Ａ（共著，日刊工業新聞社，2008）
・食品安全の正しい常識（共著，工業調査会，2009）
・現場がみるみる良くなる食品衛生７Ｓ活用事例集４（共著，日科技連出版社，2012）
・やさしい食品衛生７Ｓ入門　新装版（共著，日本規格協会，2013）

森本　尚孝（もりもと　ひさのり）

▰役職
　三和建設株式会社代表取締役社長
　一級建築士
　早稲田大学環境総合研究センター招聘研究員
　一般社団法人大阪建設業協会経営委員会委員
▰学歴・職歴
　1994 年　大阪大学工学部建築工学科卒業
　1996 年　同大学大学院工学研究科建築工学専攻修了
　2008 年　三和建設株式会社代表取締役社長就任，現在に至る．
▰専門分野
　経営，建築工学
▰学会活動等
　日本建築学会学術論文　「基礎下に剥離のある構造物・地盤相互作用系の地震応答解析」（1995 年 8 月）
　日本建築学会学術論文　「構造物応答のフィードバック制御に伴う時間遅れの影響」（1995 年 8 月）
　日本建築学会学術論文　「構造物・地盤連成系の瞬時最適制御に関する一考察」（1996 年 9 月）
▰主な著書
・「使える建物」を建てるための３つの秘訣―価値ある工場・倉庫・住宅を建てるためのパートナー選び―（カナリア書房，2014 年）

海老沢　政之（えびざわ　まさゆき）

▰役職
　NPO 法人近畿 HACCP 実践研究会理事・事務局長
▰学歴・職歴
　1970 年　大阪府立大学工学部機械工学科卒業
　1970 年　日立プラント建設株式会社入社，建築設備（空調部門）の設計・施工に従事．
　2004 年　日立プラント建設株式会社退社
　　　　　NPO 法人近畿 HACCP 実践研究会の理事に就任，現在に至る．
▰専門分野
　バイオロジカルクリーンルーム（BCR）施設の設計・施工
　製薬工場，食品工場，化粧品工場，病院手術室，実験動物飼育室，バイオハザード安全実験施設などを手がける．
▰学会活動
　ISO 22000 審査員補（JFARB 登録 F0055）
　6 次産業化中央サポートセンター登録プランナー
　大日本水産会・水産加工施設 HACCP 講習修了（2012 年）
　建築設備士
▰主な著書
・包装食品の事故対策（共著，日報企画販売，2001）
・次世代無菌包装のテクノロジー（共著，サイエンスフォーラム，2004）
・微生物殺菌実用データー集（共著，サイエンスフォーラム，2005）
・大阪市中央卸売市場　食の安全・安心ハンドブック（編集，大阪市，2004）
・はじめての HACCP 工場―建設の考え方・進め方―（共著，幸書房，2007）

海原　俊哉（かいはら　としや）

■役職
アルテ設計事務所（一級建築士事務所）　代表

■学歴・職歴
大阪デザイナー専門学校卒業
東田設計室・株式会社三谷シゲノブ建築事務所を経て，株式会社アコルド住環境研究所の取締役に就任．
住友不動産株式会社へ転職の後，アルテ設計事務所を設立．

■コメント
2007年にアルテ設計事務所を開設して以来，建築の調査，企画，デザイン，設計監理，学術調査・研究，耐震診断及び補強設計を業務とし，工場，オフィス・テナントビル，共同住宅，ホテル，福祉施設，一般住宅等を手がけた．
2010年より，食品関係施設に関する技術顧問を迎え，フーズデザイン研究室を設置し，食品製造工場を中心に，施設計画・実施設計・現場監理を行っている．

中山　茂（なかやま　しげる）

■役職
アルテ設計事務所（一級建築士事務所）フーズデザイン研究室技術顧問

■学歴・職歴
大阪学院大学流通化学科・奈良大学文化財歴史学科卒業
施工管理技士・建築士・日本食品保全研究会第5期HACCPワークショップ終了
大和ハウス工業株式会社HACCPプロジェクトを定年退職後アルテ設計事務所技術顧問
奈良県食品安全安心懇話会委員（2012〜2013年）

■専門分野
大和ハウス工業株式会社在職中は，全国食品関連施設の設計から竣工までの実務支援と顧客のISO・HACCP手法支援．
法高度化認定取得サポートと講演活動，食品工場設計の記事等を投稿する．
現在は，アルテ設計事務所にて食品製造顧客の依頼を受け，施設計画・現場監理を実施及び（社）インターナショナル・バリューマネジメント協会理事，総務庁食品安全委員会食品安全モニターの活動．

和田　寛之（わだ　ひろゆき）

■役職
アルテ設計事務所（一級建築士事務所）フーズデザイン研究室技術顧問

■職歴
大和ハウス工業株式会社入社．建築設計部所属

■専門分野
建築設計全般，食品関連施設設計及び施設診断全般

佐藤　徳重（さとう　のりしげ）

■役職
フードテクノエンジニアリング株式会社エンジニアリング事業部品質保証部次長

■学歴
関西大学工学部生物工学科（現　化学生命工学部生命・生物工学科）卒業

■学会活動等
日本HACCPトレーニングセンター常務理事
日本HACCPトレーニングセンターHACCPコーディネーター・ワークショップ講師
日本HACCPトレーニングセンター前提条件プログラム・ワークショップ講師

涌田　恭兵（わくた　きょうへい）

■学歴・職歴
2011年3月　関西大学化学生命工学部卒業
同年　4月　フードテクノエンジニアリング株式会社に入社

井上　哲志（いのうえ　てつじ）
▪学歴・職歴
　1972 年　愛知工業大学工学部応用化学科卒業
　1972 年　三重県職員
　2010 年　三重県退職
　現在　　食品分野のコンサルタントとして活動
▪専門分野
　食品分野全般

湯川　剛一郎（ゆかわ　ごういちろう）
▪役職
　東京海洋大学先端科学技術研究センター教授
▪学歴・職歴
　1976 年　京都大学理学部生物物理学科卒業
　1976 年　農林水産省入省，食品流通局，（独）農林水産消費安全技術センター等
　2008 年　財団法人日本食品分析センター入所，テクニカルサービス部長
　2012 年　東京海洋大学採用，先端科学技術研究センター教授，現在に至る．
▪専門分野
　技術士［農業部門（食品化学）］
▪学会活動等
　日本技術士会農業部会長
　日本フードシステム学会理事
▪表彰
　日本規格協会標準化貢献賞　受賞理由 "食品安全分野の国際標準化活動への貢献"（2011 年 10 月）
▪主な著書
・ISO 22000：2005 食品安全マネジメントシステム要求事項の解説（共著，日本規格協会，2006）
・よくわかる ISO 22000 の取り方・活かし方（共著，日刊工業新聞社，2006）
・地球環境論（共著，電気書院，2014）

柳沢　義彰（やなぎさわ　よしあき）
▪役職
　食品安全ネットワーク顧問
　食品安全ネットワーク・ISO 22000 研究会（米虫塾）
　（有）食品衛生研究会
　大和ハウス株式会社食品衛生技術顧問団メンバー
▪学歴
　1957 年　東京都立中野工業高校食品科学工業課程卒業
▪職歴
　1957 年　名糖産業株式会社入社．東京研究所・醗酵開発部（微生物凝乳酵素レンネットの開発従事）
　1978 年　山繁興産株式会社入社．外食事業部にて店長，地区長，新店舗出店責任者，新設・ホテル事業部にて取締役初代総支配人就任
　1993 年　株式会社川喜入社（水産物加工・販売）にて，取締役総括部長として品質保証部門担当，HACCP 対応本社工場建設責任者，対米輸出食品製造設備認証（FDA-HACCP）大阪府第 1 号取得責任者
　2010 年　同社定年退職
▪専門分野
　ホテル・外食店舗・食品工場などの衛生管理・品質管理・工程管理・クレーム防止・従業員教育を中心とした "食の安全・危機管理対策"
▪著書
・ISO 22000 のための食品衛生 7 S 実践講座　食の安全を究める食品衛生 7 S　第 3 巻（共著，日科技連出版社，2006）
・食品安全の正しい常識（共著，工業調査会，2009）
・安全な食品はどこで買えるか（取材，別冊宝島 Real 047，2003）
・大阪府初の対米水産 HACCP 認定施設（取材，月刊 HACCP，2005 年 9 月号）

佐藤　豊太郎（さとう　とよたろう）
■役職
　薩摩川内うなぎ株式会社代表取締役社長
　備後漬物有限会社副社長
■学歴・職歴
　1993 年　芦屋大学産業教育学部卒業
　　　　　　　株式会社丸越入社
　1994 年　株式会社丸越退社
　　　　　　　セントラル食品株式会社入社
　1996 年　セントラル食品株式会社退社
　　　　　　　備後漬物有限会社入社
　現在　　代表取締役副社長
　2010 年　薩摩川内うなぎ株式会社設立，代表取締役社長就任，現在に至る．

一丁田　哲久（いっちょうだ　てつひさ）
■役職
　薩摩川内うなぎ株式会社品質管理課長
■職歴
　2010 年 4 月　薩摩川内うなぎ株式会社入社
　現在　　　　品質管理課長

黒田　久一（くろだ　ひさかず）
■役職
　FRUX グループ代表／株式会社三晃代表取締役
■学歴・職歴
　1982 年　関西外国語大学スペイン語学科卒業
　　　　　　　株式会社デニーズジャパン（現　株式会社セブン＆アイフードシステム）入社
　1985 年　株式会社三晃に入社
　2003 年　株式会社三晃代表取締役に就任
　2004 年　FRUX グループ代表に就任
■公職
　一般社団法人日本惣菜協会理事（副会長兼関西支部長）
　一般社団法人日本施設園芸協会青果物カット事業協議会会長
　近畿農政局総合化事業，研究開発・成果利用事業評価委員会委員
　奈良県大和郡山市公平委員会委員長

宇惠　善和（うえ　よしかず）
■役職
　株式会社三晃取締役生産本部長
■学歴・職歴
　1994 年　天理教校付属高等学校卒業
　1999 年　株式会社三晃入社
　2003 年　株式会社三晃係長就任
　2007 年　株式会社三晃工場長就任
　2010 年　株式会社三晃品質管理室長就任
　2011 年　株式会社三晃商品企画部次長兼務
　現在　　株式会社三晃取締役生産本部長

新原　浩之（にいはら　ひろゆき）
■役職
　備後漬物有限会社品質管理部部長
■学歴・職歴

1993 年　北里大学水産学部水産増殖学科卒業
　　2002 年　備後漬物有限会社入社
　　現在　　品質管理部部長

鎌谷　一也（かまたに　かずや）
■役職
　　鳥取県畜産農業協同組合代表理事組合長
■学歴
　　1977 年　京都大学理学部卒業
■専門分野
　　農業・畜産業

名畑　和永（なばた　かずなが）
■役職
　　明宝特産物加工株式会社専務取締役
■学会活動等
　　食品安全ネットワーク会員

索　引

あ行

ISO 22000　　15, 136, 201
ISO/TS 22002-1　　16, 25
　　──要求事項　　18, 26
ISO/TC 34（農産食品）　　137
アクセス管理　　34
アクセス（侵入）の予防　　32
浅広式排水溝　　148
圧縮空気及び他のガス類　　28
アフターフォロー　　42
雨漏れ　　53
安全管理　　113

一貫方式　　45, 51
一般衛生管理項目　　16
一般的衛生管理プログラム　　15, 200
イニシャルコスト　　75
委任契約　　45
飲料工場　　50

ウエットシステム　　20
ウォール（壁側）方式　　102
受入材料の要求事項　　30
請負業者　　44
請負契約　　45
請負者　　44
請負人　　44
運送車　　189

衛生規範　　108
衛生的な設計　　30
ALC（軽量気泡コンクリート）　　60
ATP検査　　203
X線検査室　　205
エネルギー代　　75
FSSC 22000　　25, 136, 178
　　──と行政の対応　　133
FDA-HACCP（対米輸出水産食品加工施設）　　145
LED化　　76
遠赤外線（低温下）　　98

オイルフィルター　　180
オーダーメイド　　57
汚染作業区域　　85, 110, 193
オゾン殺菌ライン　　190
温度管理　　50, 92, 94
　　──システム　　188

か行

ガイダンス・ドキュメント（GFSI Guidance Document）　　133
解凍庫　　97
解凍方法　　98
確認申請　　41
加工室全体を冷蔵庫化　　146
瑕疵担保責任　　53
加熱食品　　80
蒲焼工場　　155
カラー樹脂塗装　　152
完成予想図　　40
管理運営基準　　109, 112

危害分析（HA）　　107
規格品　　57
機器類の設置　　151
器材洗浄場所　　157
基本設計　　40
基本理念　　72
休憩室　　171
急速凍結庫　　97
急速冷却庫　　97
牛肉のフードシステム　　188
給排気管理　　168
供給者の選定及び管理　　30
業務委託先決定プロセス　　67
業務委託内容　　67

空気の質及び換気　　28
空調機のドレン排水方法　　40
クリーンルーム仕様　　192
グレーチング　　50, 92, 167

経営改善普及事業　　121
計画概要　　66
蛍光灯　　170
芸術作品としての建築　　52
結露水　　160
原材料の流れ　　85
原材料の搬入口　　204
懸垂型トレーラー　　189
建設会社　　44
建設業者　　44
建築家　　44
建築設備計画　　79
建築主　　43

更衣室　　113, 207
高架水槽　　108
交差汚染防止管理　　113
工事範囲　　67
高周波（マイクロ波）　　98
工場施設の管理　　169
公的支援制度　　119

高度化基準対象食品　83
5S．17
国際食品安全イニシアチブ　16
国際認証スキーム　137
ゴミ保管庫　98
小屋裏空間　86
コンストラクション・マネジメント方式　56
コンプレッサーオイル　180

さ行

作業区域　79
作業者の衛生管理　116
作業従事者の流れ　85
作品　52
サニタリー区域　111
サニタリールーム　115
残渣専用冷蔵庫　149
産地水産業強化支援事業　126, 129
三方良し　78

次亜塩素酸ナトリウム　152
CIP（定置洗浄）　33
　──システム　32
GFSI　16
　──によるスキーム認証　135
　──の活動　133
GMP　108
事業主　43
試験室　26
施設内装仕様　79
施設の所在地　26
実施設計　40
室内温度管理　85
失敗事例　38
指定認定機関　83
自動扉　171
社員食堂及び飲食場所の指定　32
ジャストスペック　49
従業員関連施設　106
従業員玄関　112
従業員トイレ　207
受水槽のマンホール　108
準委任契約　45
竣工引渡し　42
準清潔作業区域　85
省エネルギー　76
蒸気水滴落下防止　159
蒸気を含む排気ダクト内の結露　38
照度設定　50
照明　28
食中毒による健康被害　94
食中毒予防の3原則　95
食肉加工工場　197
食肉工場　183
食品衛生7S　17, 18, 200

　──活動　176
食品産業品質管理高度化促進資金　124, 128
食品製造機器の配置　102
食品中の水分　96
食品防御（Food Defense）　107
食品，包装資材，材料及び非食用化学物質の保管　26
食料産業における国際標準戦略検討会議　139
除霜システム　100
人荷用エレベーター　104
人材育成　195
侵入経路　107

水産加工・流通施設の改修支援事業　123, 124
水産工場　145
垂直搬送機　104
水道代　75
ステップ解凍（低温下）　98
スペック設定　50
棲みか及び出現　32
スリッパ置き場　112

製菓工場　50
成果物の瑕疵　52
清潔作業区域　85
清浄空間　85
製造機器　66
清掃計画　91
製造室の配置　83
清掃・洗浄及び殺菌・消毒用のための薬剤及び道具　32
製造プロセス　66
製品接触面　30
製品の流れ　85
セキュリティ　106
施工業務　67
施工者　41, 44
施工図　41
施工責任　52
施主　43
　──の責任　51
設計・管理業務　67
設計基本条件　73
設計競技（コンペ）方式　58
設計契約　40
　──は請負契約　46
設計士　44
設計事務所　54
設計者　40, 43
設計図の瑕疵　53
設計責任　52
設計施工一貫方式　45, 51, 55, 56
設計施工プロポーザル　65
　──要項　63
設計施工分離方式　45, 51

設計プロセス　68
設計報酬　51
節電対策　76
ゼネコン　44
セミドライシステム　21
洗浄水栓　92
洗浄・排水計画　92
洗浄ホース　92
センター（中央）方式　102
前提条件プログラム（PRP）　16, 22
専門家としての高度な注意義務　45
専門家派遣　120
戦略パートナー　37, 47, 61
　　──選び　57

倉庫保管の要求事項　34
惣菜工場　50, 163
装置の配置　26
ゾーニング　79, 108, 190
外靴の置き場　112
ソフト支援事業　120
ソフト対策　77
ソフト的対応　24

た行

タスクアンビエント照明　50
建物の断熱性能　76
建物負荷　76
ダムウェーター　104
タンク廻り　50
断熱パネル　100

地域プラットフォーム　122
中温エアコン　165
中小企業経営力強化支援法　130
中小企業支援センター事業　121, 122
中小企業・小規模事業者ものづくり・商業・サービス革新事業　126, 129
中小企業ビジネス支援ポータルサイト　121
中小ものづくり高度化法　129

通路　116
漬物工場　175
強い農業づくり交付金　123, 124

手洗い　171
　　──シンクに対する配慮不足　39
　　──場　206
低温作業室　97
低温仕様作業室　92
提出書類　69
定置洗浄（CIP）　33
適正製造基準　108
デザインビルド方式　55
デフロスト　100

電気代　75
天井裏メンテナンススペースの計画　38
天井面仕様　90

トイレ　112, 171
動線管理　84
動線計画　78
トータルコスト　74
ドライ化　19, 157, 166, 178
　　──対策　87, 150
ドライシステム　20
取り合い部分　78
ドレン配管　165

な行

内部構造及び備品　26
内部の設計，配置及び動線　26

日本惣菜協会　156
荷物用エレベーター　104
入室動線　112
認証関係　66

塗り床　49
　　──材　89

練り込みカラー塗装　152
燃料代　75

は行

ハード対策　77
ハード的対応　24
パートナー選び　58, 78
ハード要求事項　25
配管　87
廃棄物置き場　153
廃棄物及び食用に適さない，又は危険な物質の容器　28
廃棄物管理及び撤去　28
廃棄物の流れ　85
排水管及び排水　28
排水勾配　92
排水溝・枡　92
排水処理費　75
履物ロッカー　112
PAS 220　16
パスボックス（PB）　104
HACCP　15, 21
　　──手法支援法　128, 164
発注者　43
発注選考プロセス　68
パネル化粧板化　147
パネル施工　165
パワーフロア　50
搬送機器　104

搬入作業経路　83
搬入路　194

PRP　16, 18
非加熱食品　80
微生物学的交差汚染　30
微生物増殖の3大要素　19
必須（重要）管理点項目（CCP）　107
秘密保持契約書　60

フード・コミュニケーション・プロジェクト　138
フードディフェンス　106
フードテロ　106
フォークリフト　104
複合コンペ方式　58
物理的汚染　30
フルターンキー方式　56
プロポーザル　69
　——コンペ　57
　——方式　51, 57, 58
粉体を取り扱う室の空調に対する配慮不足　39
分離方式　45, 51

平面計画　80
壁面仕様　89
別途工事　67
便所　112, 171

ボイラー用化学薬剤　28
防錆仕様が必要な室に対する配慮不足　39
防錆対策　152
防虫網による給排気能力低下への配慮不足　39
防虫防そ（鼠）管理　199
包丁殺菌庫　203
保守点検費用　75

ま行

埋設排水配管勾配の不良　38
窓　170
マヨネーズ　49

水溜り　178
水の供給　28
見積金額　60
ミラサポ　122

無過失責任　45
無窓構造　147

メンテナンス計画　86

毛髪混入　113

や行

床下凍上　96
床仕様　50
床排水　92
床面仕様　88
輸送機器　104

要員の衛生の設備及び便所　32
予防及び是正保守　30

ら行

ライフサイクルコスト　76
ランニングコスト　75

リニューアル工事　42

冷却設備・冷却機器類　99
冷蔵庫（冷蔵保管庫）　96
冷凍庫（冷凍保管庫）　96
冷凍庫内天井の結露（霜）　38
冷媒　99

6次産業化ネットワーク活動交付金　123, 124

わ

ワンストップ総合支援事業　120, 122

ここが知りたかった！
FSSC 22000・HACCP 対応工場
改修・新設ガイドブック ―事例付き―
定価：本体 3,900 円（税別）

2015 年 1 月 13 日　第 1 版第 1 刷発行
2019 年 4 月 19 日　　　　　第 6 刷発行

編　　著　角野久史・米虫節夫
発 行 者　揖斐　敏夫
発 行 所　一般財団法人 日本規格協会
　　　　　〒108-0073　東京都港区三田 3 丁目 13-12 三田 MT ビル
　　　　　　　　　https://www.jsa.or.jp/
　　　　　　　　　振替　00160-2-195146
制　　作　日本規格協会ソリューションズ株式会社
印 刷 所　日本ハイコム株式会社

© H. Sumino, S. Komemushi, et al., 2015　　　Printed in Japan
ISBN978-4-542-40263-8

● 当会発行図書，海外規格のお求めは，下記をご利用ください．
　JSA Webdesk（オンライン注文）：https://webdesk.jsa.or.jp/
　通信販売：電話 (03)4231-8550　FAX (03)4231-8665
　書店販売：電話 (03)4231-8553　FAX (03)4231-8667

食品安全関連図書のご案内

ISO 22000:2018 食品安全マネジメントシステム 要求事項の解説
ISO/TC 34/SC 17 食品安全マネジメントシステム専門分科会 監修
湯川剛一郎 編著
A5判・224ページ　定価：本体 8,500円（税別）

［2018年改訂対応］やさしい ISO 22000 食品安全マネジメントシステム構築入門
角野久史・米虫節夫 監修
A5判・206ページ
定価：本体 2,000円（税別）

ここが知りたかった！ FSSC 22000・HACCP 対応工場 改修・新設ガイドブック —事例付き—
食品安全ネットワーク　角野久史・米虫節夫 監修
B5判・224ページ
定価：本体 3,900円（税別）

やさしい食品衛生 7S 入門 新装版
米虫節夫 監修／角野久史 編
A5判・120ページ
定価：本体 1,200円（税別）

ISO 22000 食品安全マネジメントシステム 認証取得事例集 1
米虫節夫 監修
A5判・230ページ
定価：本体 2,500円（税別）

やさしいシリーズ 18 食品トレーサビリティシステム
新宮和裕・吉田俊子 著
A5判・112ページ
定価：本体 900円（税別）

ISO 22000 食品安全マネジメントシステム 認証取得事例集 2
米虫節夫 監修
A5判・330ページ
定価：本体 3,000円（税別）

新版 やさしい HACCP 入門
新宮和裕 著
A5判・146ページ
定価：本体 1,500円（税別）

フードディフェンス対策と食品企業の取り組み事例
フードディフェンス対策委員会 編
A5判・170ページ
定価：本体 1,500円（税別）

改訂2版 HACCP 実践のポイント
新宮和裕 著
A5判・284ページ
定価：本体 2,900円（税別）

日本規格協会　　https://webdesk.jsa.or.jp/